BLUE BACKS

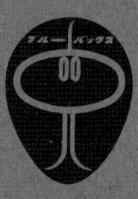

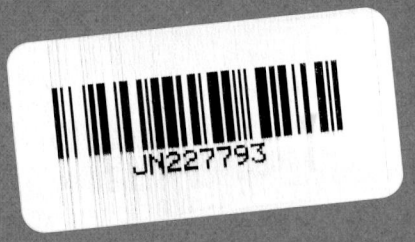

パソコン活用 3日でわかる・使える統計学 CD-ROM付

統計の基礎からデータマイニングまで

新村秀一 著

ブルーバックス

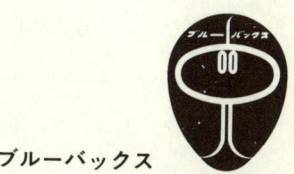

必ずお読みください

本書付属のCD-ROMは、Windows Me/98/95/NT4.0対応です。Windows XPでは正常に動作しません。お買い上げいただいた時点でのCD-ROMの物理的破損以外は交換はできませんので、あらかじめご了承ください。詳しい条件ならびに利用方法については、7頁の「添付CD-ROMソフトのインストールと利用法」を必ずご覧ください。

●カバー装幀/芦澤泰偉事務所

●カバーイラスト・章扉・CD-ROMレーベルデザイン/中山康子

●本文版下/さくら工芸社

はじめに

本書は、これからの情報化社会で、データから有用な情報を取り出す実用的な技術を習得したい社会人や、初めて統計を勉強する学生を対象としている。

本書を読むには、Excelを操作できる程度のパソコンの技能と、四則演算ができる能力それに高校卒業レベルの読解力があれば十分だ。それと3日間ほど集中してこの本と付き合う意思があれば、「21世紀に必要な一般教養」が容易に習得できるはずだ。それも一生ものの技術を！

統計学は奥の深い学問で、数多くの理論や手法が開発されてきた。その理論は複雑で、計算を行うのも手間がかかり、一般の人が、その理論を理解し、使いこなすのは容易でなかった。だが、パソコン上で動く使いやすい統計ソフトが利用できるようになり、事情は様変わりした。従来は、専門家しか扱えなかった理論を、一般の人が現実のデータに対して簡単に応用できるようになったのである。

しかし、残念ながら、多くの学生や社会人は、こうした変化に気づかず、依然として、昔ながらの理論中心の勉強を続けている。こうした勉強法では、消化不良のまま終わるのが関の山で、いつまでたっても統計に対する苦手意識を払拭することができないだろう。

しかし、本書で紹介する勉強法を実践すれば、統計学の基礎のみならず、最近流行のデータマイニングの中でもっとも有用であるとされる「決定木分析」までが最短3日で学習し応用できる。「難解な統計学が3日で理解し応用できるはずがない。バカなことをいうな」と訝《いぶか》る方もあろう。

しかし、これは誇大広告などではない。

実は、本書は、成蹊大学の経済学部の1年次生を対象にした講義科目の「統計入門」と、2年次生を対象に行っている「統計ソフトを使ってレポートを書く（統計実習）」という私の授業を再現したものだ。これらの講義は、いずれもわずか半期2単位、2つの講義をあわせてものべ36時間にしかならない短い講義だ。

しかも、統計実習では、統計学の解説以外にも、レポートの作成方法についても教えている。学生たちは、汎用統計ソフトSTATISTICAの基礎的な利用のみならず、同ソフトを使って得た表やグラフを、プレゼンテーション用ソフトのMicrosoft PowerPointを使って加工し、その後で提出用のレポートにまとめる方法を学ぶ。こうした部分やガイダンスなどの事務連絡などを除けば、実質的な講義時間は30時間を切る。さらに本書はこの講義のエッセンスを抽出したものだ。やる気さえあれば、誰でも3日間ほど集中して学習すれば理解できるはずだ。

実際、短期間でかなり盛り沢山の内容を教えているが、学生たちは、よく講義を理解しているようだ。統計実習の最後には、自分で集めたデータで20頁以上の統計レポートを提出させているが、学生の中には、私が舌を巻くようなレベルの高いレポートを提出するものもいる。本書を最後まで読み通すことができれば、皆さんも、私が教えている学生たちのように、統計学を使ったレポートをさしたる苦労なく作成できるようになるはずだ。「21世紀に必要な一般教養」たる統計学を習得するのに、本書がその一助になれば幸いである。

著者

添付CD-ROMソフトのインストールと利用法

❶ インストールの前にお読みください

本ソフトは、商用のSTATISTICA Version99J(開発元:米StatSoft社、日本法人:スタットソフト　ジャパン株式会社)を学習用として機能限定して提供する、BLUE BACKS Special Versionである。

本書の読者が、統計の学習用にのみ使用することが許可されている。他人への譲渡、コピーは禁じられているので注意してほしい。

❷ インストールの方法

添付のCD-ROMからパソコンへプログラムのインストールを行う。

1) 最初に次の項目を確認する。

・パソコンのOS(オペレーティングシステム)の確認

> STATISTICA BLUE BACKS Special VersionはWindows Me/98/95/NT4.0上で稼動します。Windows XPでは正しく動作しません。ご注意ください。

・ハードディスクに十分な空きがあるかどうかを確認

10MB以上、このほか作業領域としてシステムドライブに最低2MB以上の空きが必要になる。

・起動中のプログラムがあれば、それらをすべて終了する

2) 上記を確認できたら、CD-ROMをCD-ROMドライブにセットする。

3) 図1の画面が自動的に表示される(自動スタートが設定されている場合)。

CD-ROMに自動スタートが設定されていない場合は、[スタート] メニューで [名前を指定して実行] を選び、"CD-ROMドライブ名：¥SETUP" と入力するとインストールが開始される。あるいは、ファイルマネージャまたはエクスプローラより、CD-ROM

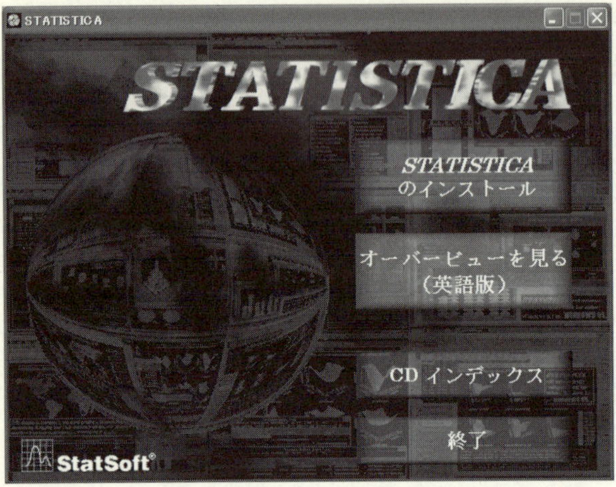

図1

の“SETUP.EXE”を実行すると、図1の画面を表示できる。

図1のメニューは、次のとおりである。

・[STATISTICAのインストール] を選択すると、インストールを開始する
・[オーバービューを見る]：STATISTICAの概要を紹介する10分ぐらいのムービーを見ることができる(英語版)。ハードディスクにインストールしないで、ここでCD-ROMから見たほうがよい
・[CDインデックス]：CD-ROMの中のファイルリストが確認できる
・[終了]：STATISTICA CD画面を終了する

4)指示に従ってインストールを行う。途中［コンポーネントの選択］ウインドウで、［オーバービューのインストール］をするかどうかを尋ねられる。3)のCD-ROMで［オーバービューを見る］を実施したか、ハードディスクに十分な空き(180MB)がない場合は、チェックマーク(×)をはずす。

次に、インストールプログラムは自動的にCドライブに“Stedu”というディレクトリを作成し、ファイルのインストールを行う。

インストール先ディレクトリを変更する必要がある場合は、途中確認のダイアログボックスが表示されるので、そこで任意のディレクトリに変更してほしい。
5)インストールが終了すると、スタートメニューにSTATISTICAのプログラムアイコンが作成される。

❸ STATISTICAの初期画面

［スタート］メニューから［プログラム］へと移動し、［STATISTICA BLUE BACKS Special Version］フォルダにある［STATISTICA］をクリックすると、図2のロゴが現われる。本ソフトは、商用のVersion99Jを機能限定した、BLUE BACKS Special Versionである。本書の読者が、統計の学習用にのみ使用することが許可されている。多くのデモソフトと異なり、他の人がコピーして使用することはできない。

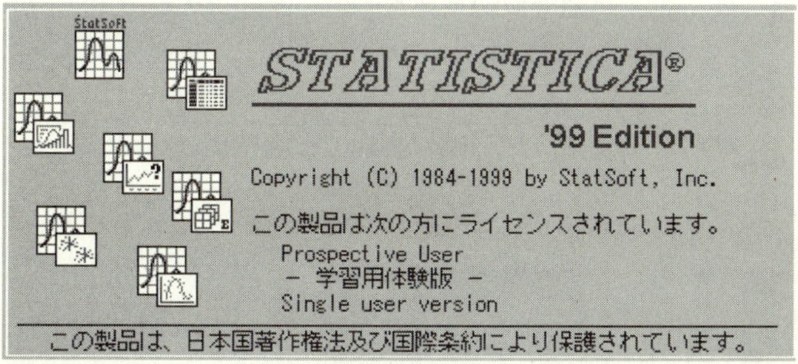

図2

次に、図3の［ワークブックの情報を保存］が現れる。すべての出力情報が自動保存され便利だが、時間とディスク容量を消費する。

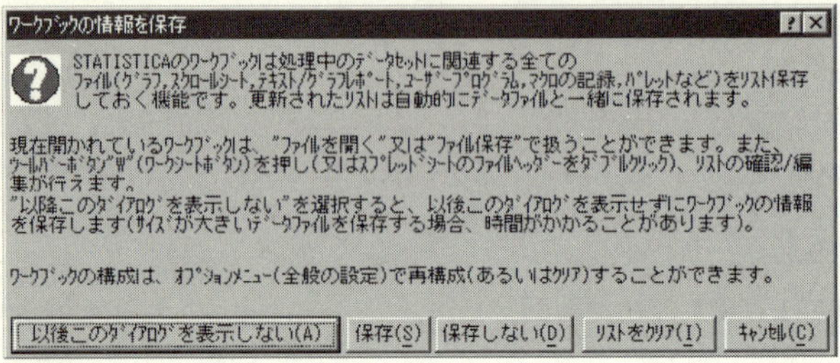

図3

マシンリソースが不足しているユーザーは、［保存しない］を選んでほしい。必要なものはすべて本書に掲載しているので、画面の出力と本書の内容が同じことを確認し、読み進めばよい。

本書を修了した後で、自分のデータを解析する場合、［保存］にすると便利かもしれない。

この機能を十分理解した後で、［以後このダイアログを表示しない］を選んでほしい。

図4は、STATISTICAの初期画面である。［基本統計/集計表］モジュールの選択ダイアログボックスと、データシートと、［タス

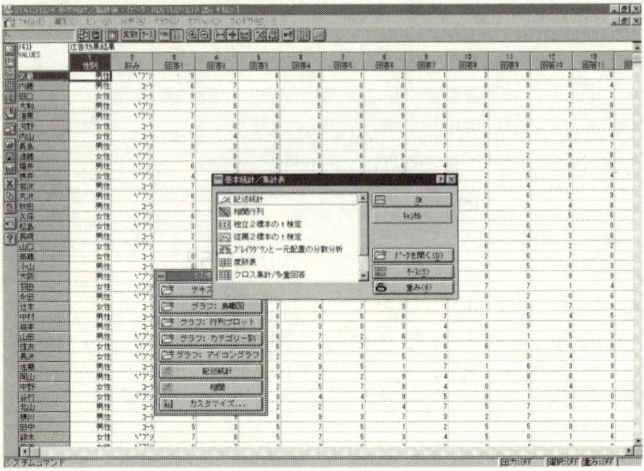

図4

クボタン］が現れる。8個の［タスクボタン］を順次クリックして、STATISTICAの概略を確認してほしい。とくに、［テキスト・概要］には、簡単なSTATISTICAの概略と使用法が記載されている。本書とは別の角度からの説明になっている。

④ 利用できる機能

STATISTICA BLUE BACKS版では、［基本統計／集計表］モジュールに含まれる分析手法が利用できる。また、グラフ作成や各種カスタマイズ、レポート機能など、STATISTICAの一般機能がほぼ利用できるが、マクロやファイルの入出力に関する機能の一部に制限がある。

以下にBLUE BACKS版で利用できる機能の概略を挙げておく。

- 扱えるデータは、150ケース×50変数まで
- グラフ作成・印刷（左肩に「学習用」というメッセージがプリントされる）
- データシート、結果、グラフなどの保存と出力（グラフのBMP形式・メタファイル形式での保存、データシートや結果のHTML形式での保存はできない）
- グラフのコピー、貼り付けはスクリーンキャッチャーで行ってほしい。

⑤ STATISTICA商用版の問い合わせ先

スタットソフト ジャパン株式会社

TEL：03-5475-7751　FAX：03-5475-7752

mail：japan@statsoft.co.jp

注．テクニカルサポートにつきましては電子メール・FAXのみの対応となっています。

目次

第2章 統計ソフトを使ってみよう

第3章 データを作成してみよう

第4章 データを眺める

第5章 1変数を調べ尽くす

第6章 2変数の相関を調べる

第7章 クロス集計と分散分析

第8章 決定木分析

序章

革新的な統計勉強法のススメ

0・1 これまでの統計の勉強法は間違っている

統計学に苦手意識をもつ学生は多い。彼ら多くの学生は、消化不良のまま統計を勉強し、単位をとってそれで終わりであった。いったいどれほどの学生が、社会人になって、統計学を実際の仕事に役立てたことだろうか？　おそらく20頁くらいの統計レポートを、苦もなく作成できる社会人はごくわずかしかいないだろう。なぜ、かくも統計学をものにすることが難しいのか？

その理由の1つは、日本の大学教育にあるようだ。これまでの大学教育は、研究者や専門家を育てる専門家教育に主体が置かれ、実務教育を軽視してきた。このため、大学における統計の授業の多くは、研究者を対象にしたオーソドックスで抽象的な推測統計学の理論の解説に終始している。とりわけ、大学の教官たちは、文科系の学生にははなから理解できないと諦めて、合計や平均、分散、標準偏差などの理論のつまみぐいでお茶を濁すのが一般的であった。これでは役に立つ、統計学を身につけるのは難しい。

確かに、推測統計学の背景にある確率的なものの考え方は難解で短期間には理解しにくいものだ。また、統計学にはさまざまな手法があるため、その重要度や関連性が、非常に分かりにくい。私自身、統計理論の勉強には大変な苦労を重ねてきた。社会人になってから、数多くの統計専門書やHow to書を買い漁ったが、なかなか思うような成果が上がらなかった。

しかし、統計学者になるのならいざ知らず、実務で統計学を活かすだけなら、何も統計理論を完全に理解する必要

まともにやったら10年かかる？

はないだろう。純粋数学や理論物理とは異なり、統計は、現実に適用されて、初めてその存在意義がある。煎じ詰めれば、統計とは、身の回りのデータから、有用な情報を得る技術である。だからこそ、統計理論ばかりでなく、実践的な統計レポートを書く実用的な教育を行うべきだといいたい。

私には、これまでの統計学習法は、本末転倒のように思えてならない。長い間修行僧のごとく統計理論を勉強し、現実のデータから役に立つ情報を引き出すという統計本来の目的を忘れてしまっているようだ。

事実、専門家になる人は少ないのに、統計教育も統計の解説書も、専門家用に作られている。こうした教材では、なかなか実践的な統計学の知識は身につかない。賢いユーザーは、身の回りのデータを分析し、それを統計レポートにまとめる技術を最初に習得することを出発点にすべきだ。読者は、統計の専門家になるのか、それとも賢い統計の利用者になるのか自問自答してほしい。

0・2 いかに勉強すればいいのか？

それではどのようにすれば、効率的に統計学を学習することができるのだろうか。

私が提唱するのは、統計ソフトの活用だ。優れた統計ソフトを使えば、膨大なデータを簡単にグラフ化できるので、統計の基礎理論を視覚的につかむことができる。難しく見える理論でも、パソコンを用いてグラフを描いて見ることによって、感覚的に理解できるようになるはずだ。

また、統計ソフトを使えば、瞬時にデータ解析ができるので、計算が不得手な最近の大学生でも抵抗なく勉強が進められる。身近なデータで「習うより慣れろ」方式で、学習を効率的に進めることができるはずだ。

統計理論、統計ソフトの操作法、データ解析の方法論をバランスよく三位一体で学習していけば、統計手法全般が広く見渡せるようになり、専門家ではない利用者の立場で、現実の問題の解析方法が自然に身につけることができるはずだ。もちろん、従来の理論一辺倒の学習法よりもはるかに負担は軽くて済む。

それでは、私が実践している新しい「統計学の勉強法」を具体的に紹介しよう。

①小さなデータを手計算することで統計の基礎を学ぶ

まず小さなデータで、基本統計量、相関係数、単回帰式

いたるところ道あり
いたるところデータあり

を手で計算する。例えば、$x=(1, 2, 3, 4)$、$y=(4, 2, 3, 1)$ のような4件の2変数データでこれを実行してみよう。あえて手を使って計算することで、統計の基礎的な考え方が体で理解できる。ただし、ここでは深く理論の解説には立ち入らない。あくまでもアウトラインを把握するのに努める。この部分は、1年次生を対象にした統計入門で行っている。そして、以下の2つを2年次生を対象にした統計実習で行っている。

②統計ソフトで小さなデータを分析する

入力に手間取らない小さなデータを、統計ソフトを用いて、体系的に分析し、その結果を統計レポートにまとめてみる。レポートを書く手順と内容は、次の通りである。

・集めたデータを、チャーノフの顔プロットやスターチャートで概観する。その後で、数値変数を箱ヒゲ図で比較し、各変数の大きさを実感する。この段階で入力ミスの発見と、分析対象データの全体像の把握に努める。

数値変数の場合、ヒストグラムから基本統計量を理解する。データを層別し、それらの平均値の違いを層別箱ヒゲ図で視覚的に把握する。その後、分散分析（t検定）と多重比較で平均値に差があるか否かを確認する。

・2個の数値変数の関係を散布図行列でチェックし、相関行列から相関関係を把握する。質的変数の関係は、クロス集計で理解する。

・最後の仕上げとして単回帰分析による予測を行えばよい。

③身の回りのデータを使ってレポートを作成する

ひと通り、統計学の基礎が理解できたら、自分の身の回りにあるデータを用いて、統計レポートを書いてみよう。実際に役に立つことが分かれば、統計理論を後で詳細に勉強することも苦にならないはずだ。よりよいレポートを書く習慣を身につければ、統計はぐんと身近なものになるであろう。

以上のような3段階の学習を行うことが、統計学を習得する一番の近道である。ここで学ぶことを、本だけで理論中心に勉強しだすと、何年もかかる茨の道である。自分の経験から考えても、少なくとも10年以上かかった。しかし、私が提唱するやり方で、3日間程度、集中して学習すれば、こうした高度な手法を使いこなせるようになる。まず体系的に全容を知り、統計レポートを書いてみるということを出発点にすれば、多くの人にとってこれほど役に立ち楽しい学問はないと実感できるはずだ。

0・3 私の体験から

「はじめに」でも紹介したが、本書の内容は、成蹊大学の経済学部の1年次生を対象にした統計入門と2年次生を対象に行っている統計実習の授業を再現したものだ。統計実習では、本書で用いているデータを、本書の内容にしたがい、わずか半期2単位の授業でSTATISTICAを用いて実習している。半期2単位とは、90分授業で3ヵ月（12回）の18時間である。

前述した通り、私は、この短い授業を受講した学生に対して、インターネットや自分の身の回りにあるデータを使って統計レポートを作成する課題を出している。受講者の大部分は、大学で初めて統計学を学ぶにもかかわらず、専門家顔負けのきわめて質の高いレポートを提出するものもいる。

平成14年度の学生たちは、インターネットや各種資料を調べ、関東近辺のゴルフ場の会員権価格の分析、野球選手の契約金額の分析、自分の住む町の賃貸住宅価格の分析、犯罪データの時系列分析などを行った。いずれのレポートも秀逸な内容であった。

わずか2単位の授業でなぜこれほどの成果が挙げられるのか（実際もう4単位ほどあれば、もっとよい教育ができるのだが……）。それは、次の点に特徴がある。

i）すべての統計手法の理論的背景を、できるだけグラフで説明することを優先しているからだ。これによって、数式で説明されれば絶望的になる場合でも、なんとなく手の届きそうな身近な存在になる。

ii）1つのデータを用いて、統計手法を体系的に説明しレポートを書く手順を教えることで、統計の全体像が理解できるようになる。

iii）優れた統計ソフトを使うことで、面倒な計算をすることなく、さまざまな統計量を計算できるようになる。計算が苦手なものでも、気軽に統計データを分析できるので、短時間でレベルの高いレポートを書くことができるようになる。

iii）については、ひとこと注意しておきたいことがある。利用する統計ソフトの選択を間違えると、余計な回り道をする羽目になる。理論から脱却し、統計ソフトを用いた教育の必要を感じている場合でも、道具の選択に無頓着あるいは無関心な場合が多いようだ。一般には、費用の点からExcelで統計教育を行っている例が多いが、手法に制約があり体系的な教育を行えるとは思えない。

本書では、汎用統計ソフト、STATISTICAのBLUE BACKS版を利用している。商用版に比べて制限があるが、それでも仕事や研究や統計教育に十二分に利用できる機能をもっている。ただ、主成分分析やクラスター分析といった多変量解析や、重回帰分析が行えないという問題点がある。

しかし、大学や企業において商用版を導入し、個人が自宅でBLUE BACKS版を利用するのが本来の姿であろう。

0・4 なにを注意すべきか

これまでに説明したことと一部重複するが、初学者が統計学を勉強するにあたって注意しておくべきことを何点か挙げておこう。

●まず全体像を把握しろ

統計の学習にあたっては、最初に、全体像を理解することが重要だ。書店に行って、回帰分析や判別分析といった個別手法の解説書を買い求め、勉強することは「木を見て森を見ず」の喩えに似ている。

本書が取り上げている統計理論を、生真面目に書籍だけから理解しようと思えば、筆者の経験からも10年以上の歳月がかかってしまう。筆者は、昭和46年に京都大学理学部数学科を卒業し、社会人になった。その後、業務上の必要に迫られ、統計を独学で習得することにした。最初に勉強したのは、基本統計量や回帰分析ではなく、判別分析や数量化理論であった。このようなアプローチは、身のほど知らずの無駄の多い試みである。手順を踏むことが重要だ。

筆者の考える新しい統計教育は、「使いやすい統計ソフトで重要な統計手法を一気に体験し、間違ってもよいからレポートを書いてみることを出発点にすべきである」ということである。

全体を把握した後、よりよいレポートを書くために統計量に関する理解を後追いで深めていけばよい。

●グラフで視覚的に理解せよ

主張の第2点は、「難しい統計量の多くは、それを表すグラフで理解を容易にできるという点」である。

一部には、「素人が統計ソフトを使うと、誤用して危険である」という意見もあるが、筆者は、「素人が誤用しないためにも、まず統計ソフトで作ったグラフで視覚的に統計量の意味を理解すればよい」ということを主張したい。グラフで判断し、その後で統計量を解釈する、というスタイルをとれば、判断を間違えることはないだろう。

●正規分布信仰は間違っている

従来の伝統的な統計書は、暗黙のうちにデータが正規分布であることを前提としている。また、電卓などで計算できる、合計、平均、分散、標準偏差といった、限られた統計量の計算式の説明に終始している。世の多くのデータは、正規分布でないものが多い。また、上記の統計量だけでは、現実の問題に正しくアプローチできない。

すなわち、正規分布だけを前提にした統計の解説書は、“うそ”あるいは“虚構の世界”あるいは“現実に役立たないこと”を一生懸命教えていることになる。

まず、データを分析するにあたっては、ヒストグラムでもって、データが正規分布と考えてよいかどうか判断することが重要だ。正規分布の場合とそれ以外では、基本統計量と呼ばれる情報の用い方がまったく異なってくるので注意が必要だ。

0・5 本書を読む際の注意点

本書は、高校で統計処理を学んでいない学生でも分かるように、通常の統計の入門書であれば省略するような基礎部分から丁寧に解説した。しかも、最後まで挫折することなく読み通せるように、いささか過保護なほどに、一度解説したことでも繰り返し説明している。

それでも、馴染みのない用語や方法論も多いので、最初のうちは、書かれていることが理解できずに戸惑われるかもしれない。しかし、こうした言葉にいったん馴染んでしまえば、本書を読み進めていくのが楽しくなってくるはずだ。

最後に、本書を読むに際しての注意点について触れておく。第1章は、小さなデータで統計のかなり高度な内容まで手計算することを目指している。計算自体は偏差と95%信頼区間を求めるきわめて簡単なものだ。ただ、一般の入門書が取り上げていない内容も含まれており、一度読んだだけでは理解できない箇所もあるだろう。

しかし、焦ることはない。第1章で学んだ内容は、第5章以降で、STATISTICAで作ったグラフを使いながら、繰り返し解説していく。すなわち、第5章以降は、STATISTICAを使った第1章の復習に相当する（注. 分散分析、決定木分析など、第1章では説明を省略しているものもある）。

したがって、第1章でわからない用語で出てきても、あまり悩まずに読み進んでいただきたい。そして、第5章以降で再び出てくる統計量の意味がわかるようになったら、再挑戦してみればいい。

本書では「3日でわかる」と謳っているが、すべての内容を一度に理解する必要はない。箱ヒゲ図や基本統計量などの基礎部分を理解できるだけでも十分な成果が得られるはずだ。わからなかった箇所は、再度読み直し、実際に身近なデータを分析してレポートを書いていただきたい。自分の興味の沸く対象であれば、学習も楽しく感じられるはずだ。

第2章から第4章までは、ソフトの操作法に関するものである。Excelの基本操作ができる人なら、まず躓くことはないだろう。パソコンの基本操作がわからない人は、本書を読む前に、身近な人に教えてもらうか、市販のマニュアルを読んでから挑戦してほしい。著者および編集部は、電話およびFAX、メールによる、質問には対応していないので、あらかじめ了承いただきたい。

第5章は、1個の変数に関する統計量の紹介である。統計の導入であり、研究成果が一番多いので、少し分量も多くなっている。第1章を見比べながら挑戦してほしい。第6章は、それほど難しくない。

第7章では、分散分析とt検定の関係がわかりにくいかもしれない。層別箱ヒゲ図がこれらの絵解きになっているということが分かれば、難しさも氷解すると思う。

第8章では、今ビジネス界で流行しているデータマイニングの中で役に立ち理解しやすい決定木分析を紹介している。コンピュータのありあまるパワーを使えば、分散分析やクロス集計など、人間が行うには煩雑な作業をいとも簡単にできることを知っていただきたい。

最後のまとめは、本書の重要な骨子である。最初に読んでもよいし、最後に自分の理解の確認に用いてもよい。重要なキーワードをコンパクトに解説しているので、本書を読んでいて分からない言葉が出てきた場合に、用語集として使うこともできるであろう。

第1章

小さなデータで考える

1・1 なぜ手計算なのか?

本章では、STATISTICAを用いたデータ解析に入る前に、手計算を通じて統計の基礎知識を学んでいただく。読者の中には、「パソコン活用」とタイトルに謳いながら、なぜ、手計算が必要なのかと思われる方もあろう。

確かに、パソコンを使えば、平均、分散、標準偏差などの基本統計量などは瞬時に計算できる。しかし、パソコンでは、それがいかなる意味を持つかについての説明はない。単に、計算結果が分かるだけだ。しかし、それでは統計を理解し応用できない。皆さんに手計算をやっていただくのは、実際に手を動かすことで統計の基礎知識を体で覚え込んでいただこうという狙いがある。また、統計に対する苦手意識が消え、自信も生まれてくるであろう。

もちろん、統計的な知識は、教科書や参考書を通じて学ぶことができるが、実際に手を動かして計算してみるのと字面を追うのとでは、理解の深さがまったく違う。

読者の中には、計算が苦手な方もあろう。しかし、心配は無用だ。本章では、統計の初心者であっても重要な統計の概念が分かるように、わずか4件のデータで説明を試みている。ただし、データの件数が少ないからといって、説明をおろそかにしているわけではない。統計に詳しい読者でも、自分の知識の再確認に役立つはずだ。

多くの統計教育では、基本統計量として、平均、分散、標準偏差、最大と最小、範囲ぐらいでお茶を濁している。しかし、中央値、最頻値、四分位数と四分位範囲、歪み度と尖り度、そして平均・歪み度・尖り度の標準誤差と95%

信頼区間も理解すべきだ。なにごとも中途半端が一番問題である。

繰り返しになるが、統計を理解する近道は、小さなデータを手で計算し体に覚えさせることが重要だ。ここでは、わずか4件の2変数データでそれを実践する。変数とは、個々のデータの特徴を表す計測値や属性のことだ。統計以外では、項目という呼び方をすることもある。

その後でA4判の紙で1頁ぐらいに収まるデータを統計ソフトで分析してみることだ。A4で1頁とは、50件ぐらいの10変数程度のデータをいう。第2章以降で用いている「学生の成績」に関するデータはこの条件にあてはまる。変数の意味を分かりやすくし、データに振り回されないことが重要だ。

大学の統計ソフトを用いたデータ解析の授業を見てみると、教員の趣味や研究テーマに近いデータを導入授業に用いている例もあるが、最初はデータに振り回されず統計の全容を理解することを優先すべきである。

その後で、本格的なデータを用いて、知識に磨きをかければよい。

1・2 作業仮説を立てよう

例えば、私が学生の統計の成績がよくないので原因を調べたいと思った（動機）。そして、成績には勉強時間が関係していると考えた。これを作業仮説という。このとき、この作業仮説を確認するための研究対象である学生の集まりを母集団（Population）という。

味見している部分は美味しかったのだが……

そして、成績と勉強時間を1つのクラスの学生で調べて、データを表の形にまとめた。この作業を、学生という研究対象（母集団）から、母集団をよく表している一部の学生（ケースあるいは観測対象という）を抽出（Sampling）したと考える。このデータ表のことを、標本（Sample）と呼んでいる。

シェフがスープの味見のため、スプーン一杯の味見をする。このときスプーンの中身は、スープ鍋がよく攪拌《かくはん》されていて、スープ全体と同じ内容である必要がある。これを行うのが、統計の中で「サンプリング法」とか「調査法」という学問である。本書では、この議論はひとまずおいておくことにする。

さて、実際に表1-1に示す、4人の学生の勉強時間（x）と成績（y）のデータを集めた。IDは学籍番号や順番を表す変数である（これを識別変数という）。これが学生の母集団からサンプリングされた標本である。ケース数（学生数）がわずか4件で、2個の変数値が0から3の整数なのは、手

ID	x	y
1	0	1
2	1	1
3	1	3
4	2	3
合計	4	8
平均	1	2

表1-1　小さなデータ

で計算するためである。勉強時間をx、成績をyといったアルファベットの記号（変数名という）で表すのは、統計は研究対象にとらわれないでどのような分野にも一般化し応用できるからである。一般化あるいは抽象的な議論を具体的事例で考える、逆に具体的なものから一般化する、この両方が統計に限らずどんな学問でも必要である。

1・3　データを度数とヒストグラムで把握する

（1）度数表

変数xの値は、0と1と2の整数値である。すなわち、xは数値（量的）変数である。同じ値をとるケース数（度数）を調べて表1-2のように度数表を作成してみよう。

x	度数	累積度数	相対度数	累積相対度数
0	1	1	25	25
1	2	3	50	75
2	1	4	25	100

表1-2　度数表

xが0の値をとる度数は1で、1の度数は2で、2の度数は1である。そして、xが0以下の合計は1、1以下の合計は$1+2=3$、2以下の合計は$1+2+1=4$というように最小値からその値まで集計したものが累積度数である。

相対度数は、全体に占める比率である。すなわち値1は、全体の50%であることが分かる。

相対度数を、累積したものが累積相対度数である。すなわち、1以下に全体の75%のケースがあることが分かる。

度数表から分かることは、変数の値がとる度数、累積度数、相対度数（比率）、累積相対度数である。これらがどんな情報をもっているかは、本書から学んでほしい。

(2) 最頻値

度数表で重要な統計量は、最頻値である。文字通り、一番度数の多い値のことだ。統計では、データから計算される値のことを統計量といっている。表1-2の場合、最頻値は1である。

値が数値であっても整数の場合は、表1-2のように簡単に度数表を作ることができる。xが実数であれば、$-0.5<x\leqq 0.5$、$0.5<x\leqq 1.5$、$1.5<x\leqq 2.5$というように等間隔な区間幅で数値を分割し（カテゴリー化という）、度数表を作成すればよい。

その場合、$-0.5<x\leqq 0.5$と表示する代わりに区間の中央にある値0でその区間を代表することが多い。あるいは、区間に含まれるデータの平均値を区間の代表値として用いることもまれにある。

そして、最頻値は区間$0.5<x\leqq 1.5$あるいは代表値が1の区間にあるというように考えることになる。ちなみに、$0.5<$

$x \leqq 1.5$を（0.5, 1.5］というように表すこともある。“(” あるいは “)” は等号を含まないことを表し、“[” あるいは “]” は等号を含むことを表す。

注．高校の数学Cでは、区間を階級、区間の中央にある値を階級値といっている。しかし本書では、できるだけ本質的でない専門用語は、一般的な用語で表すことにする。

（3）累積相対度数とパーセンタイル（パーセント点）

度数表から、度数や相対度数が分かる。このほか、累積相対度数から、パーセンタイル（パーセント点）が読み取れる。パーセント点とは、ある値以下に何パーセントのデータがあるかを表している。

区間$0<x<1$のどんな値でも、それ以下に25%のデータがある。だから、この区間の値は25%点になる。そこで、この区間の中央にある0.5を25%点（第1四分位数、Q1）とすることが一般的だ。区間$1<x<2$のどんな値でも、それ以下に75%のデータがある。だから、この区間の値は75%点（第3四分位数、Q3）になる。そこで、1.5を75%点とする。値1は、26%から74%のいずれのパーセント点にも対応している。すなわち50%点（中央値、第2四分位数、Q2）でもある。ここで、Q1、Q2、Q3のQはQuantile（4等分する）の頭文字である。

このように1つの値が幾つものパーセント点になるのは、ケース数が少なく重なっているためである。また、パーセント点には幾通りかの計算式がある。しかし、ユーザーにとって、私が紹介した解釈を理解しておくだけで十分である。

パーセント点には、1%点から99%点まであるが、25%点、50%点、75%点が重要だ。これらは、標本全体を4等分するので、四分位数とも呼ばれ、Q1（第1四分位数）・Q2（第2四分位数）・Q3（第3四分位数）とも呼ばれる。また、Q2は中央値と呼ばれ、データ全体を2分し、平均値、最頻値と並んで、「分布の代表値」と呼ばれている。

重要ポイント たくさんのデータを1つの数値で表そうとした場合に用いる統計量が「分布の代表値」である。平均値、中央値、最頻値の3つが重要だ。ちなみに、統計量とはデータから導き出される数値情報のことだ。

(4) ヒストグラムと棒グラフ

表1-2の度数表でxの値を横軸にとり、縦軸を図1-1のように度数に比例したグラフが棒グラフである。実数値の場合、等間隔の区間を設定し度数を求めるので図1-2のように柱状のグラフを描く。これをヒストグラムという。

性別など数値で計測できないような変数を、質的変数という。質的変数の度数は、やはり棒グラフになる。

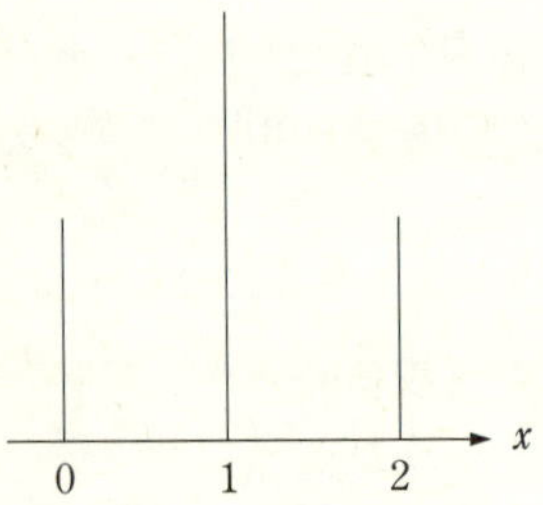

図1-1 棒グラフ

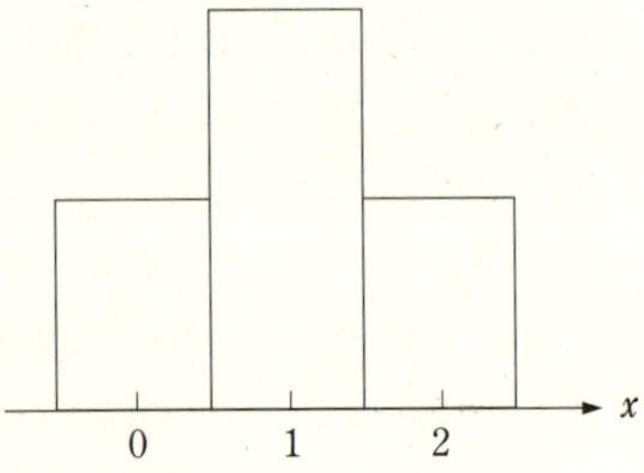

図1-2 ヒストグラム

数値変数の場合は、データ数が少なく値が整数値であれば棒グラフを用いるが、実数の場合はヒストグラムを用いることになる。そして、ヒストグラムは単峰性（1山型の分布）かピークが2個以上ある多峰性か、単峰性の場合は左右対称か右か左かに大きな外れ値があるかの「分布の形状」をチェックすることに用いる。分布の形状によって、後で紹介する基本統計量の使い分けを行う必要がある。

ここで、分布という言葉を用いたが、分析対象のデータのケース数は個々に異なる。それらを相対度数（比率）で表し合計を1にすれば、さまざまな分析対象をケース数に無関係に扱え、より一般化できる。比率でグラフを描いた場合、いちおう分布と呼んでいると考えればよいだろう。

1・4 数値データに含まれる情報、それが基本統計量

1個の数値変数のデータに含まれる情報、それが基本統計量である。統計量とは、決められた手続きでデータから得られる数値（情報）のことである。ここでは、数値変数xを用いて、基本統計量を説明する。読者は、手で計算してみよう。そして後で、理解の程度を確認するため自分で変数yの基本統計量を計算してみよう。

(1) 分布の代表値

平均値、中央値、最頻値を分布の代表値という。たくさんのデータを1個の数値で代表する値のことだ。

まずデータを全部足し合わせて合計を求めよう。Σはギリシア文字でシグマというが、英語の合計を表すSummationの頭文字のSに対応している。Excelでも合計を求める記号

として、Σが用いられている。x_iはxのi番目のデータであることを表す。

Σx_iは「対象となるデータx_iを全部足し合わせて合計（Summation）を求めなさい」ということを表している。記号化すれば、言語の違いによらず、全世界の人が理解できる。数学が、科学の世界の共通語といわれる所以である。ちなみにiのことを、添え字（suffix）という。合計は次の通り4になる。

$$合計 = \Sigma x_i = x_1 + x_2 + x_3 + x_4 = 0+1+1+2 = 4$$

平均値（MEAN、mで表すことが多い）は、上で求めた合計（SUMあるいはSで表すことが多い）をデータ数あるいはケース数n（Numberの頭文字）で割ったものになる。すなわち、1になる。4個のデータ0、1、1、2は、大体1前後の値をとっていることを表す。データ数を、これ以降ケース数と呼ぶことにする。

$$平均値 = \frac{合計}{ケース数} = \frac{4}{4} = 1$$

データを2分する中央値は、表1-2の度数表で見た通り1になる。また、一番度数の多い最頻値も1であった。

ここで重要な点は、変数xのような1山型で左右対称な分布は、3つの代表値が同じになることである。

しかし、図1-3の（1）のように値の大きなほうに外れ値（他のデータから大きく外れた値）がある分布を、右に裾を引く分布という。この場合、代表値は最頻値≦中央値≦平均値の順になる。例えば、値2が38になれば、xの合計は40で、ケース数は4件だから平均は10になる。最頻値と中央

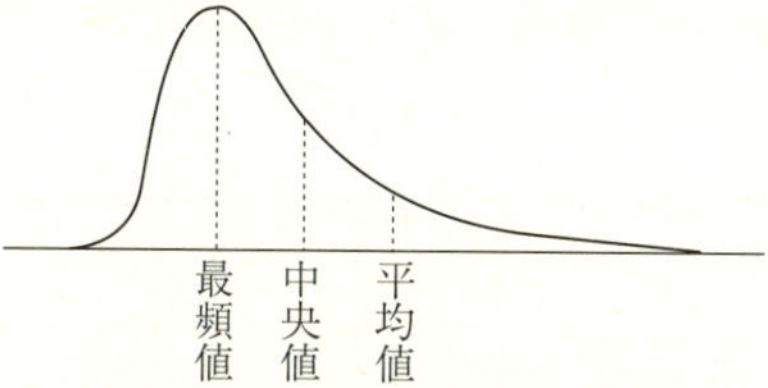

図1-3(1)　右に裾を引く分布

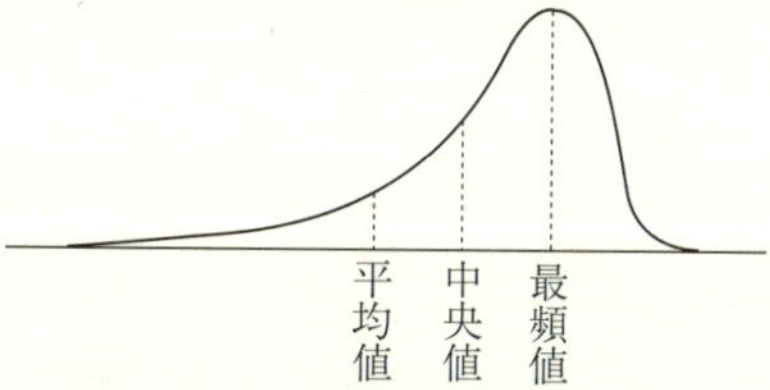

図1-3(2)　左に裾を引く分布

値は1のままである。すなわち、平均値は大きな外れ値の影響を受けやすい統計量である。

統計の世界では、外れ値の影響を受けにくい中央値や最頻値を頑強（ロバスト）な統計量、平均値のように影響を受けやすい統計量を頑強でないといっている。もちろん、頑強な統計量のほうが望ましいわけだ。

一方、図1-3の（2）のように値の小さなほうに外れ値がある分布を、左に裾を引く分布という。この場合、代表値は平均値≦中央値≦最頻値の順になる。0が−44に置き換わるだけで、平均値は−10で、中央値と最頻値は1のままである。

重要なことは、右や左に裾を引く分布では、3つの分布の代表値に大小順が現れるが、いずれにしても中央値は真中にある。よって、これらの分布では平均値に代わって中央値を用いればよいことが分かるであろう。

重要ポイント 平均値だけが、「分布の代表値」ではない。分布の形状によって中央値を用いたほうがよい場合が多い。例えば、1世帯あたりの貯蓄額や所得は右に裾を引く分布なので、平均値で議論するのは誤解を招きやすい。これで、小学生の頃から分布の代表値として平均値を重要視することの愚かさが分かっていただけたと思う。

---

(2) 分布のバラツキ

「分布のバラツキ」を表す統計量も3つある。「範囲」と「四分位範囲」と「標準偏差」である。多くの統計書では、分散や標準偏差のことをバラツキを表す代表的な統計量と紹介しているが、あまり分かりやすい説明はない。

(i) 範囲と四分位範囲

範囲は、最大値の2から最小値の0を引いたものだ。

$$範囲 = 最大値 - 最小値 = 2 - 0 = 2$$

改めて説明する必要もないが、範囲を表す、この2の区間幅の中に全データが含まれている。2より小さい区間幅には、データすべてを押し込めることができない。これが統計でいうバラツキの意味である。

次に分かりやすいのは、Q3からQ1を引いた四分位範囲である。

$$四分位範囲 = Q3 - Q1 = 1.5 - 0.5 = 1$$

この区間幅1に、データの真中にある50%のデータが含まれる。すなわち、真中の50%のデータはこの区間の中でバラツくわけだ。

分布の代表値は3つとも1であった。そして、それを含む区間幅2の区間［0, 2］（$0 \leqq x \leqq 2$のこと）の中に全データが含まれることが範囲から分かる。あるいは、区間幅1の［0.5, 1.5］の中に50%のデータが含まれることが四分位範囲から分かる。

これが分布のバラツキを表す統計量の意味である。

重要ポイント 範囲はその区間幅の中にすべてのデータを、四分位範囲は真中の50%のデータを含む統計量である。

(ii) 平均からの偏差

さて、標準偏差を考える準備として、平均からの偏差を考える。

偏差とは、個々のデータの平均からの隔たりを表している。統計は数学の応用と考えられているが、重要な統計量は個々のデータ（x_i）から平均（m）を引いた偏差（x_i-m）が分かるだけでよい。実際、本書で用いる計算の大部分は、この偏差の計算である。

すなわち4個のデータの偏差は、0−1 = −1、1−1 = 0、1−1 = 0、2−1 = 1である。偏差によって、個々のケースが平均値からどれだけ離れているかというデータのバラツキが分かる。しかし、偏差の和は必ず0になる。

$$\Sigma\,(x_i-m) = \Sigma\,x_i-\Sigma\,m = \mathrm{n}*m-\mathrm{n}*m = 0$$

このため、標本全体のバラツキを表す統計量として偏差の和を用いることができない。

そこで、偏差を自乗（平方）した、偏差平方和の和（偏差平方和）を計算する。

$$
\begin{aligned}
\text{偏差平方和} &= \Sigma\,(x_i - m)^2 \\
&= (0-1)^2 + (1-1)^2 + (1-1)^2 + (2-1)^2 = 2
\end{aligned}
$$

偏差平方和が大きいほど、平均より離れたケースが多くあることが分かる。

> **重要ポイント** 統計量の多くは、偏差から計算できる。偏差とは、実際の値の平均からの隔たりのことである。

（iii）分散と標準偏差

そして、この偏差平方和をケース数で割って、データ1個あたりのバラツキの度合いを計算したものを分散と呼んでいる。ただし、推測統計学では、そのままケース数nで割るのではなく、ケース数から1引いた数を用いる。この（n−1）のことを自由度という。

なぜ、このような面倒なことをするのだろうか。それは、偏差の計算に用いた平均が、1つの値に固定された母集団の平均値ではなく、あくまでも標本から求めた（標本）平均値であるからだ。ケース数が多い場合（例えば、100件以上が1つの目安になる）ならいいが、本ケースのようにデータの件数が少ない場合、サンプリングにより値の変わる標本平均値をそのまま用いるのは問題がある。それを修正するために生まれたのが自由度である。ここでは詳しい説明は避けるが、自由度を使うと、正しい結果が導かれることが理論的に分かっている。

自由度は、統計を難しくしている原因の1つといわれる。そもそも、なぜ自由度というのだろうか。残念ながら、分かりやすい説明は見あたらない。標本平均mと4個のデータの間には、$m=\frac{(x_1+x_2+x_3+x_4)}{4}$の関係がある。分散の計算に標本平均値を用いるということは、すでに標本平均値mが既知であることを前提にしているため、4個あるデータのうち任意の3個の値が決まれば残りの値は自由に動くことができず決まってしまう。このことから、ケース数が4の場合3を自由度と呼ぶことにする。これが自由度の一番分かりやすい、通俗的な説明である。誰か、自由度に関してもっと分かりやすい解釈を本にして出してほしいものだ。

ケース数が100の場合、ケース数の100で割ろうが自由度の99で割ろうが、計算結果にあまり違いが出てこない。

標本分散は、次のようになる。ただし、多くの場合に標本統計量を表す場合、この標本という接頭語を省くことが多い。

$$\text{分散}=\frac{\text{偏差平方和}}{(\text{ケース数}-1)}=\frac{2}{3}$$

分散の平方根が、標準偏差（Standard Deviation、SDあるいはsと略す）である。SQRTはSquare Rootの意味で、平方根を表す。

$$\text{標準偏差(SD)}=\text{SQRT（分散）}=\sqrt{\frac{2}{3}}$$

標準偏差は、元のデータと計測の単位（cm、kgなど）が同じになるので、分散の代わりにデータのバラツキを表す

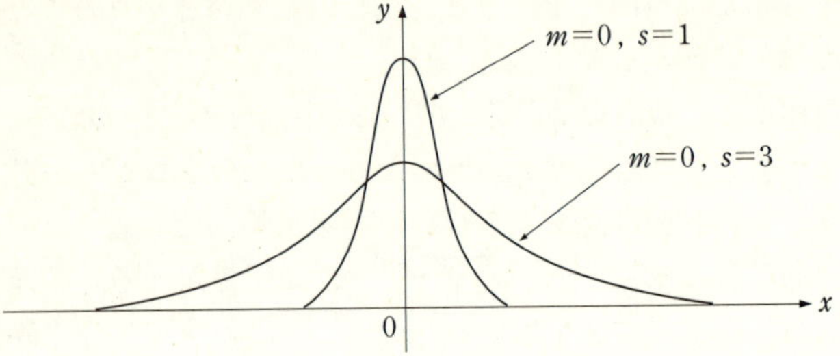

図1-4　正規分布

尺度としてよく用いられる。しかし、なぜ標準偏差がデータのバラツキの統計量になるのかという、わかりやすい説明がこれまでなかった。

(iv)　正規分布とは何か？

なぜ、標準偏差はバラツキを表す尺度といわれるのか？これを説明するには、正規分布について説明する必要がある。

正規分布とは、さまざまな分布の中で、もっとも基本とされているもので、天才数学者、カール・F・ガウスが発見したことからガウス分布とも呼ばれている。ガウスは、測定誤差を研究する過程で、正規分布という左右対称の1山型の曲線を発見した。厳密に測定しようとしても真の値を中心（平均値）にして、誤差を含む測定値は正規分布という曲線になる。この考えが統計学に取り入れられ、母集団や標本が正規分布になると仮定し、理論がおおいに進歩した。ご存じの方も多いと思うが、この分布の形は、図1-4のような左右対称の釣り鐘型の曲線となる。

この曲線は以下の式で表される。

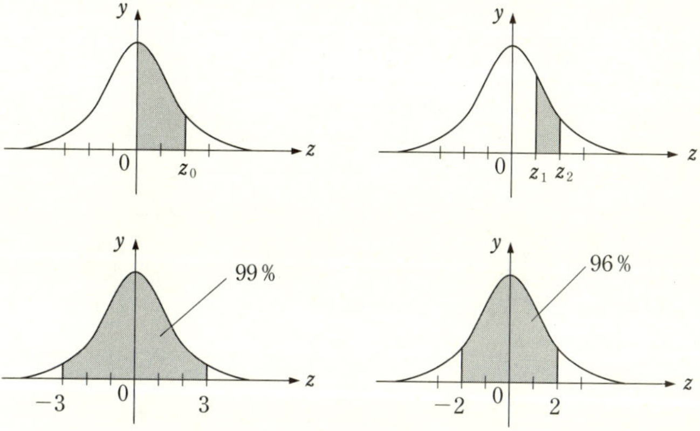

図1-5　標準正規分布

$$f(x)=\frac{1}{\sqrt{2\pi}s}e^{-\frac{(x-m)^2}{2s^2}}$$

πは円周率、eは無理数の定数で2.71828……、mは平均、sは標準偏差である。式を見て分かる通り、mとs^2（標準偏差sの自乗s^2は分散になる）の値が決まると、この曲線の形が決まるので、N(m, s^2)という記号で表す。Nは正規分布（Normal Distribution）の頭文字である。

特に、$m=0$、$s=1$の正規分布、すなわちN(0, 1)を標準正規分布という（図1-5)。

変数xが、平均m、標準偏差sの正規分布として、以下の式を満たす変数zを考える。

$$z=\frac{(x-m)}{s}$$

実はこのzの分布は、先ほど説明したN(0, 1)の正規分布、すなわち標準正規分布になる。逆にzが分かれば、xは次の式で求められる。

$$x = m+sz$$

そこで図1-5のように、zが0からz_0になる比率（確率）$P(0 \leqq z \leqq z_0)$を正規分布表としてまとめておけば、任意の区間の比率が簡単に計算できる。例えば、図の$z_1 \leqq z \leqq z_2$の区間の比率は、z_2までの比率$P(0 \leqq z \leqq z_2)$からz_1までの比率$P(0 \leqq z \leqq z_1)$を引けばよい。

$$P(z_1 \leqq z \leqq z_2) = P(0 \leqq z \leqq z_2) - P(0 \leqq z \leqq z_1)$$

しかし、後で紹介するがこの正規分布表を用いなくても、添付CD-ROMのSTATISTICAを用いると、mとsが分かれば、任意の区間の確率が分かる。

先に説明した通り、標準偏差は、データのバラツキを表す統計量になるといった。例えば、平均が0で標準偏差が1の正規分布であれば、平均から標準偏差の3倍離れた$-3 \leqq x \leqq 3$（[0−3*1，0+3*1]＝[−3，3]）の区間に約99%、平均から標準偏差の2倍離れた[0−2*1，0+2*1]＝[−2，2]の区間に約96%のデータがある。すなわち、範囲や四分位範囲と同じ解釈が適用できる。

正規分布であれば平均と標準偏差で作られる任意の区間に含まれるデータの割合が分かるので、範囲や四分位範囲と同じく標準偏差がデータのバラツキを表す統計量になると考えれば、随分すっきりするだろう。特に、3や2の代わりに1.96を用いると、[0−1.96*1，0+1.96*1]＝[−1.96，1.96]の区間に95%のデータが含まれる。

重要ポイント 「バラツキの尺度」を表す範囲、四分位範囲、標準偏差は、ある区間にデータ全体の何%が含まれているかを教えてくれる統計量と考えればよい。ただし、標準偏差は正規分布でしか利用してはいけない。

(3) 分布の形状を表す

偏差を自乗したものの和を、自由度で割ったものが分散であった。そこで、統計研究を志す者の常として、偏差の3乗、4乗……から何か有効な情報が得られないかと研究した。その結果、歪み度や尖り度という統計量が発見された。その説明に入る前に「基準化した偏差」について触れておく。

偏差を標準偏差で割ったものを基準化した偏差という。45ページで求めたzと同じである。

$$\text{基準化した偏差} = (x_i - x\text{の平均})/x\text{の標準偏差}$$
$$= (x-m)/s$$

この基準化した偏差を3乗した合計をケース数nで割ったものを歪み度という。歪み度（歪度と書いて「わいど」と読むこともあるが、「ゆがみど」と訓読みするほうが分かりやすい）は、左右対称であるかどうかを判定する指標である。分布が左右対称であれば0になり、右に大きな外れ値があれば正、左に大きな外れ値があれば負になる。すなわち、歪み度は左右対称からのずれ（非対称性）を表す統計量だ。このケース数nも第5章で紹介するように、後で修正された。

さて、xの歪み度を計算してみよう。

$$歪み度=\frac{\{(-1/SD)^3+(0/SD)^3+(0/SD)^3+(1/SD)^3\}}{4}$$

$$=\frac{[\{-1/(\sqrt{(2/3)})\}^3+\{1/(\sqrt{(2/3)})\}^3]}{4}$$

$$=0$$

この計算結果から、このグラフは左右対称の分布になっていることが分かる。

基準化された偏差を4乗し、その合計をケース数nで割ったものを尖り度という。尖り度は、外れ値があるかどうかを示す統計量だ（図1-3参照）。尖り度という名称は、3以上の大きな尖り度をもつ分布曲線の最頻値の形状が、正規分布に比べて尖っていることからつけられた。

正規分布の場合、尖り度は3になる。右か左か両方に大きな外れ値がある場合、3以上になり、正規分布よりデータのバラツキが少ない分布では3以下になる。

しかし、経済学以外の多くの学問分野では、正規分布の歪み度が0であることにあわせて、元の尖り度から3を引いて、正規分布の場合を0とするようになった。このため、経済学で統計を学んだものがSTATISTICAのような汎用の統計ソフトを使うと悲劇が起きることもある。例えば、尖り度が3であるから正規分布であると判断する。しかし、STATISTICAでは正規分布は0であり、3の場合は実際は外れ値がある分布になってしまう。

3を引いて修正した尖り度は、次のようになる。

$$尖り度=\frac{\{(-1/SD)^4+(0/SD)^4+(0/SD)^4+(1/SD)^4\}}{4}-3$$

$$=\frac{[\{-1/(\sqrt{(2/3)})\}^4+\{1/(\sqrt{(2/3)})\}^4]}{4}-3$$

$$= \frac{9}{8} - 3$$

$$= -\frac{15}{8}$$

ただし、実際に利用していただければ分かると思うが、STATISTICAからは$-\frac{15}{8}$ではなく、1.5という数値が出力される。実は、これまで説明してきたように歪み度も尖り度もその後の研究で単純にnを用いないほうがよいことが分かり改良された。STATISTICAなどの最新の統計ソフトで実際に用いられている計算式は、ケース数に手を加えた自由度調整ということを行っているためだ。

歪み度も、左右対称であれば0と影響を受けないが、左右対称でなければここで紹介した計算式による値と統計ソフトの値が異なってくる。

また一部の統計ソフトの中には、ここで紹介した古い計算式を用いているものも多いので注意が必要である。

重要ポイント 歪み度も尖り度も、正規分布では0になり、これを基準にして考えよう。歪み度が正の場合は右に大きな外れ値があり、負の場合には左に大きな外れ値があることを表す。尖り度が正であれば、左か右か両方に外れ値があり、負であれば正規分布よりバラツキの少ない分布である。

(4) 標準誤差をマスターしよう

統計学の面白くまた難しい点は、図1-6に示すようにデータ（標本）から計算した平均mなどの（標本）統計量で、そのデータを作り出す対象（母集団）の平均μ（ミュー）を推測できる点である。すなわち、母集団のデータを調べな

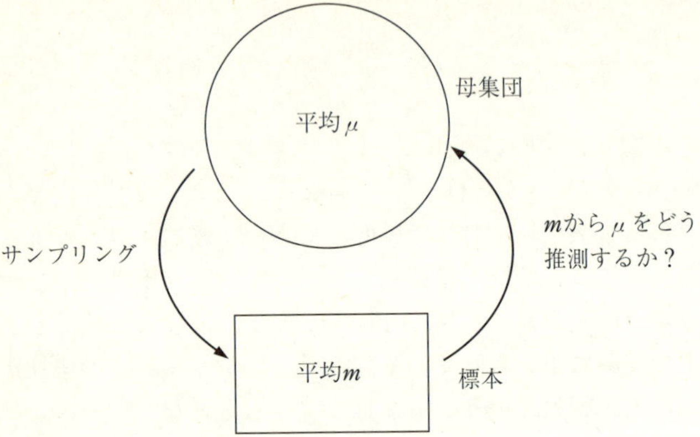

図1-6　標本平均より母平均を推定する

いで、その一部のデータから計算された統計量で推測してしまおうという厚かましいことを考えている。これが、推測統計学の効能である。ちなみに推測統計学では、標本統計量はアルファベットで、母集団の統計量（母数という）はギリシア文字で表すことが多い。

従来の統計教育や統計書では、正規分布などの確率分布を重要視してきたが、かんじんの標準誤差の重要性についての配慮が足りないように思う。統計を単に利用する立場であれば、確率分布に関する知識なしで標準誤差（Standard Error, SE）を理解するだけでよい。

例えば、図1-7のように1万人の新入生（母集団）を受け入れるマンモス大学を考えよう。100人ずつの100クラスで統計教育を行っている。各クラスごとに、統計の成績の平均値、標準偏差、歪み度、尖り度が求められる。すなわち、100個の標本統計量が計算できる。この統計量をあたかも

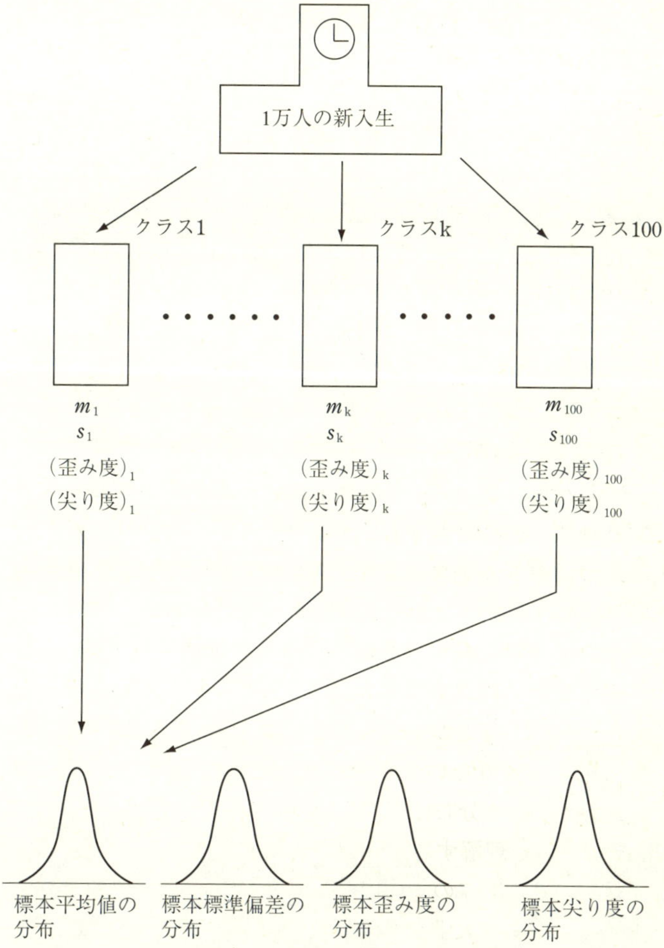

図1-7　1万人のマンモス大学

データのように考え、平均値、標準偏差、歪み度、尖り度のヒストグラムを描いたとする。当然、こうした統計量にもバラツキがある。これらの分布の標準偏差を、平均値、標準偏差、歪み度、尖り度の標準誤差と呼ぶことにする。

重要ポイント 標準誤差の意味を理解すれば、確率分布に関する難しい理論を勉強しなくても、十分実用的な知識が得られる。標準偏差は、データのバラツキを表す統計量であった。平均値の標準誤差は、標本平均値の分布における標準偏差のことだ。同様に、標準偏差の標準誤差は、標本標準偏差の分布における標準偏差のことだ。

研究対象である1万人の学生のデータが分かっているのであれば、それをわざわざ100組のクラスに分けて標本統計量を計算する必要はない。1万人で平均値などを計算すればそれで終わりである。これが、記述統計学と呼ばれる推測統計学以前の古い統計学である。推測統計学は、1万人の学生のデータを調べないで、そのうちの100人の平均

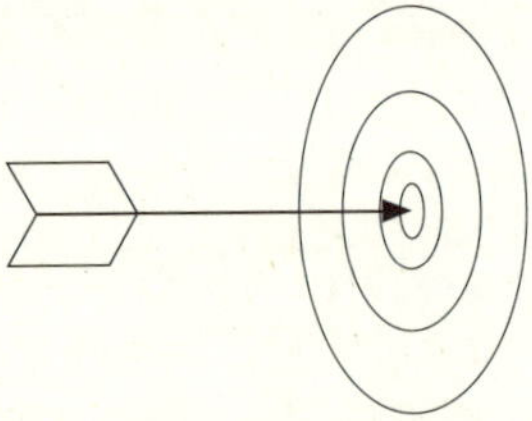

母平均は、この的に95%の確率で含まれている。

や標準誤差から全体の平均を推測しようと考えている。

すなわち、標本平均値mと平均値の標準誤差SEが分かれば、例えば区間［m−1.96*SE，m+1.96*SE］に、95%の標本平均値がバラツくことが分かる。そこから、この区間に母集団の平均値が確率95%で含まれると考える。この区間を平均値の95%信頼区間と呼ぶ。

推測統計学では、標本平均値mを母平均μの推定値とすることを点推定、そして母平均は95%の確率で平均値の95%信頼区間に含まれると考えることを区間推定といっている。

平均値の標準誤差（SE）は、

$$\frac{\text{SD(標準偏差)}}{\sqrt{\text{n}}\text{(ケース数)}}$$

で推定できる。ケース数が多くなれば、標準誤差が0に収束していくことが分かる。結局、95%信頼区間もmに収束していく。すなわちケース数を大きくしていくと、推定精度が上がっていく。母集団のすべてのデータで平均を計算すれば、それが母平均を計算していることと同じである。

(5) 平均値の95%信頼区間

平均値の95%信頼区間の意味を次頁の図1-8でおさらいしよう。今、母平均μの位置から的に向かって射撃を行った。このライフル銃は精巧に作られており、的の位置μを中心に［μ−1，μ+1］の範囲に95%の確率で当たる。

次に、μ−1，μ，μ+1から再び射撃を行う。（μ−1）の95%信頼区間は、［μ−2，μ］になる。μの95%信頼区間は、［μ−1，μ+1］になる。（μ+1）の95%信頼区間は、［μ，μ+2］になる。これら3つの区間には、μだけが含ま

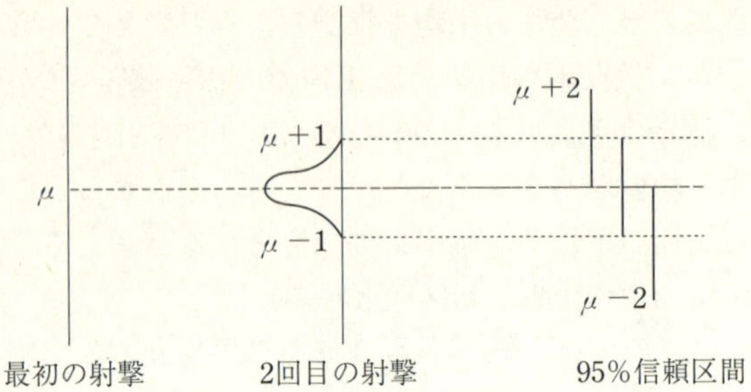

図1-8　95%信頼区間のからくり

れている。

例えば、最初に100回射撃をする。そのうち95%信頼区間に相当する弾が当たった95ヵ所から再び100回射撃をして95組の95%信頼区間を求めるとこの区間はμを含んでおり、残りの5ヵ所から射撃をして得られる95%信頼区間は、μを含んでいない。

(6)　xの95%信頼区間

xの平均値は1で、標準偏差は$\sqrt{\dfrac{2}{3}}$であった。標準誤差は、次のようになる。

$$\text{平均値の標準誤差(SE)} = \frac{\mathrm{SD}}{\sqrt{4}} = \frac{\sqrt{\dfrac{2}{3}}}{\sqrt{4}} = \frac{1}{\sqrt{6}} \fallingdotseq 0.408$$

結局、ケース数が多ければ区間［1−1.96*0.408，1+1.96*0.408］=［0.2，1.8］が、95%の標本平均値がバラツく範囲である。これをxの平均値の95%信頼区間という。すなわ

ビール開発者が見つけた t 分布

ち、母集団の平均は0.2から1.8の区間に95%の確率で存在することが分かる。よって、負の値でないことが分かる。

重要ポイント 平均値の95%信頼区間と同じように、標準誤差が分かっているすべての統計量の95%信頼区間を計算できれば、あなたも統計ユーザーの優等生になれる。

(7) ギネスビールに乾杯

ケース数が少ない場合、データの95%を含む区間を計算するには1.96よりも大きな値を用いたほうがよいことが後で分かった。ギネスビールというよりも、ギネスブックで有名なギネス社の醸造技術者のゴセット氏が少数のデータを観察し気づいたわけだ。

すなわち小標本の場合、正規分布より裾の広いスチューデントのt分布の値で修正する必要がある。例えば4件の場合は3.182を用いて、［1−3.182*SD，1+3.182*SD］=［−1.5981，3.5981］と少し広めの区間に95%のデータがあると推定したほうがよいというわけだ。推測統計の難しい議論は、小標本を扱う場合であり、大標本になればこのような面倒な議論はなくなる。要は、質の高い多くのデータを分析するよう心がけることにすればよい。ちなみに、スチューデントとはゴセット氏のペンネームである。

平均値の95%信頼区間もケース数が4の場合は、データのバラツキと同じく1.96の代わりに3.182を用いる。すなわち、平均値の95%信頼区間は、［1−3.182*SE，1+3.182*SE］=［1−3.182*0.408，1+3.182*0.408］=［−0.3，2.3］になる。1.96を用いた場合と異なり、この区間に0が含まれる。すなわち、95%の確率で母平均は0と推定できる。あるいは標本平均が負にも0にも正にもなるので、母平均は0と推定できる。このように、推測統計学の結論は、標本のケース数によって影響を受ける。小標本とは、おおよそ100以下と考えておけばよいだろう。

以上から、標準誤差を考えることで標本平均から母集団の平均が確率的に推測できることが分かる。重要なことは、他の統計量でも同じ考え方が適用できる。もっと正確な説明は、『パソコンによるデータ解析』の第2章を参照してください。

(8) え、標準偏差にも標準誤差がある!

多くの統計書では、平均値の標準誤差のみをクローズアップしているが、それが分かりにくさを生んでいる。

平均値の他、標準偏差、歪み度、尖り度や後で述べる回帰係数の標準誤差も統計学者によって提案されている。

標準偏差の標準誤差は、統計学者がSD/$\sqrt{2n}$であることを導いた。歪み度や尖り度の標準誤差は、後で紹介するが少し複雑である。これを用いて、平均と同じく、標準偏差や歪み度や尖り度の95%信頼区間も計算できる。

この4件のデータで計算すると、歪み度は0になる。歪み度の標準誤差はSTATISTICAから1.014であることが分かるので（具体的な方法は後述）、歪み度の95%信頼区間は、[0−3.182*1.014, 0+3.182*1.014]＝[−3.227, 3.227] になる。標本歪み度の95%はこの区間にあり、正にも0にも負にもなるから、母集団の歪み度は0と考えられる。すなわち、左右対称である。しかし、このことは図1-1の棒グラフで明らかである。つまり、棒グラフやヒストグラムで基本統計量はある程度事前に分かるので、まずグラフで視覚的に判断しようというのが私の主張である。

尖り度は1.5で、尖り度の標準誤差はSTATISTICAから2.619であるので、尖り度の95%信頼区間は、[1.5−3.182*2.619, 1.5+3.182*2.619]＝[−6.834, 9.834] になる。すなわち、母集団の尖り度は0と判断できる。このことは、図1-1ですでに大きな外れ値がないことが事前に分かっており、尖り度の95%信頼区間でそれを再確認したわけである。

歪み度と尖り度の標準誤差の詳細は、第5章で理解を深めよう。ただし、今回のような少数のデータで杓子定規に統計量をこれ以上議論しない。これはあくまで、計算式の意味を体感するためである。

重要ポイント 統計の賢いユーザーになるには、標準誤差を理解し、その使い方すなわち95%信頼区間に習熟することが重要だ。標準偏差はデータのバラツキを表す統計量であり、標準誤差は標本統計量のバラツキを表す統計量である。歪み度と尖り度の95%信頼区間が分かれば、分布の形が推測できる。

(9) さあチャレンジしてみよう

それでは、変数yについて、以上述べたすべての基本統計量を手で計算してみよう。ただし、歪み度の標準誤差は1.014で、尖り度は−6で、標準誤差が2.619である。

問い）次のような表にまとめ、yの合計と平均を求めた後、yの偏差と偏差平方およびそれらの合計を求めよう。

ID	y	yの偏差	偏差平方
1	1		
2	1		
3	3		
4	3		
合計			
平均			

解答）これについては説明は不要だろう。解答結果は次ページの表を見ていただきたい。

ID	y	yの偏差	偏差平方
1	1	−1	1
2	1	−1	1
3	3	1	1
4	3	1	1
合計	8	0	4
平均	2		

次に、この解答結果をもとに基本統計量を計算し、表の空白を埋めてみよう。

分布の代表値	解答
平均	
平均の95%信頼区間	
中央値	
最頻値	
分布のバラツキ	解答
範囲	
四分位範囲	
分散	
標準偏差	
分布の形状	解答
歪み度	
歪み度の95%信頼区間	
尖り度	
尖り度の95%信頼区間	

解答　平均、中央値、範囲、四分位範囲、分散、標準偏差（SD）はすぐ分かる。最頻値は、1と3としてもよいが、ないと考えたほうがよいだろう。少しやっかいなのは、平均値の95%信頼区間だが、ここまで読み進められた方には簡単だろう。念のため復習しておくと、平均値の95%信頼区

分布の代表値	解答
平均	2
平均の95%信頼区間	[0.170, 3.830]
中央値	2
最頻値	なし
分布のバラツキ	**解答**
範囲	3−1=2
四分位範囲	3−1=2
分散	4／3=1.333
標準偏差	$\sqrt{4/3}=1.15$
分布の形状	**解答**
歪み度	0
歪み度の95%信頼区間	[−3.227, 3.227]
尖り度	−6
尖り度の95%信頼区間	[−14.334, 2.334]

間は、［2−3.182＊SE, 2+3.182＊SE］で求められる。SEは平均値の標準誤差のことであった。

平均値のSEは、SD（標準偏差）/$\sqrt{n}$（ケース数）で推定できるのでSE = 1.15/$\sqrt{4}$ = 0.575となる。したがって、平均値の95%信頼区間は［2−3.182＊0.575, 2+3.182＊0.575］=［0.17035, 3.82965］となる。

歪み度と尖り度の95%信頼区間も平均値と同じように計算できる。

それでは、平均、歪み度、尖り度は0かどうか? また、どんな分布になるのか考えてみよう。

平均値の95%信頼区間は、［0.170, 3.830］で0を含んでいないので母平均は0ではない。次に、歪み度を計算すると0になる（計算方法を忘れてしまった方は47頁を読み直していただきたい)。あらかじめ歪み度の標準誤差が1.014とわかっているので、歪み度の95%信頼区間は［0−3.182*1.014, 0+3.182*1.014]＝[−3.227, 3.227］。よって母集団の歪み度は0。すなわち左右対称である。

尖り度は−6で、その標準誤差は2.619とあらかじめわかっているから、計算により、尖り度の95%信頼区間は、［−6−3.182*2.619, −6+3.182*2.619]＝[−14.334, 2.334］。よって母集団の尖り度は0。すなわち、特に大きな外れ値がなく、正規分布より裾の短い分布ともいえない。ただし、後で分かるが、ケース数の多い場合、このような度数が等しい分布は、裾の短い分布と判定される。これらは、棒グラフを描いてみれば分かる。

注. 計算結果はSTATISTICAで計算したものと少し違っている。

1·5 クロス集計

読者も、色々なアンケート調査を受けることがあるだろう。質問項目は、性別や喫煙の有無から、収入といった答えにくいものまで多種多様だ。これらの質的変数は、度数表や棒グラフなどで検討した後、複数の質問肢の間にある関係を調べる必要がある。これを行うのがクロス集計である。

実は、日頃お世話になることの多いコンビニエンスストアでもこのクロス集計が密かに行われている。レジで会計を済ませるとき、店員はPOS（Point of Sales）端末から性別や年齢区分などを端末に入力していることを皆さんはご存じだろうか。

こうしたデータは、来店時間や購入品目、金額などの情報とともに、リアルタイムでコンビニエンスストア本部に送られている。集まったデータはクロス集計が行われ、「若者に売れている商品」「深夜3時頃に一番売れる商品」など、貴重なマーケティングデータが得られる。こうしたクロス集計で得られたデータを分析し、本部は在庫管理や品揃えを決めているのである。

インターネットのアンケート調査やPOSシステムなどの普及により、一般の社会人でも膨大なマーケティングデータを利用できるようになった。しかし、これから紹介するクロス集計を使いこなせなければ、貴重なデータも宝の持ち腐れである。

(1) 二重クロス集計

二重クロス集計とは、2個の質的変数の値の組み合わせごとに度数を集計する手法だ。n重クロス集計は、n個の質的変数の値の組み合わせごとに度数を集計する手法である。

それでは、変数xの値0、1、2と変数yの値1、3の組み合わせでできる度数を表1-3のように3行2列の表にまとめてみよう。xの値0、1、2の合計を行合計といい、yの値1、3の合計を列合計という。

		y		行合計
		1	3	
x	0	1	0	1
	1	1	1	2
	2	0	1	1
列合計		2	2	4

表1-3 xとyのクロス集計（度数）

(2) 同時確率

次に、行合計をケース数4で割る。すなわち$\frac{1}{4}$(0.25)、$\frac{2}{4}$(0.5)、$\frac{1}{4}$(0.25)を計算する。これは変数xの比率（確率）である。同様に、列合計から変数yの比率$\frac{1}{2}$(0.5)と$\frac{1}{2}$(0.5)を求める。これらをクロス集計では、周辺確率という。そして、2つの周辺確率のクロスするところに、その積を表1-4のように計算する。この3*2の6個の確率を同時確率という。

		y		行%
		1	3	
x	0	1/8	1/8	1/4
	1	1/4	1/4	1/2
	2	1/8	1/8	1/4
列%		1/2	1/2	1

表1-4　周辺確率と同時確率

(3) 期待度数

同時確率にケース数の4をかけたものを求めると、表1-5の期待度数が得られる。

xの（それぞれの）値0、1、2に対応するy（が1と3）の期待度数の比率は、(0.5対0.5)、(1対1)、(0.5対0.5)と表1-4の列%の比率(0.5対0.5)と同じである。また、yの値1と3に対応するxの期待度数の比率は、表1-4の行%と同じく0.25対0.5対0.25と同じである。

このような場合、xとyは独立であるという。すなわち、xとyの間には、特別な関係が認められない。

もし実際の度数が期待度数と同じであれば、この2つの変数の関係をこれ以上調べても意味がないということだ。

		y		行合計
		1	3	
x	0	0.5	0.5	1
	1	1	1	2
	2	0.5	0.5	1
列合計		2	2	4

表1-5　期待度数

(4) 残差と χ^2

最後に、表1-3の実度数（実際の度数）から表1-5の期待度数を引いた表1-6が、残差である。

		y		行合計
		1	3	
x	0	0.5	−0.5	0.0
	1	0.0	0.0	0.0
	2	−0.5	0.5	0.0
列合計		0.0	0.0	0.0

表1-6　残差

期待度数は一種の平均であり、残差は平均からの偏差と考えられる。残差の自乗を期待度数で割り、それらを合計したものが χ^2 値という統計量になる。そして χ^2 値によって作られる分布を χ^2 分布という。

$$
\begin{aligned}
\chi^2\text{値} &= \Sigma \frac{(\text{実度数} - \text{期待度数})^2}{\text{期待度数}} \\
&= \Sigma\,(\text{残差})^2/\text{期待度数} \\
&= 0.5^2/0.5 + (-0.5)^2/0.5 + 0/1 + 0/1 + (-0.5)^2/0.5 + 0.5^2/0.5 \\
&= 0.5 + 0.5 + 0.5 + 0.5 \\
&= 2
\end{aligned}
$$

ここでは、χ^2 値は2になる。この値は、後で紹介する相関係数のようなもので、2変数xとyが完全に独立（関係がない）であれば0に、関係があれば0以上の大きな値になる。このχ^2値の分布は一般的には右に裾を引くようなχ^2分布になる。今回のような2以上になる確率（Probability、p値という）は、STATISTICAに計算させれば0.367887（36.8%）になることが分かる。

(5) 二重クロス集計の帰無仮説

統計では、帰無仮説ということを考える。平均などでは、例えば母平均が0と考え（帰無仮説）、p値でもって計算し、この仮説が正しいか否かを判断したわけだ。

クロス集計では2変数が独立であるという仮説が帰無仮説になる。すなわち、2変数が独立であるという帰無仮説では、実度数は期待度数と同じ度数になる。そして、この仮説のもとで表1-3のような実度数が現れる確率（p値）を統計ソフトが計算してくれる。このp値が5%以下であれば、まれな事象が起きたので、仮説が間違っているからと考えて帰無仮説を否定する。5%以上であれば帰無仮説を受け入れる。すなわち、2変数は独立と考える。

ここで取り上げている4件のデータの場合、p値は5%以上になり2変数は独立であると判定されるので、2つの変数に特に関係は認められない。

もし、p値が36.8%でなくて5%以下になり独立でないと判断されれば、2つの変数の間に何か関係があるので、どんな関係があるか調べることになる。どんな関係があるかは、残差に注目すればよい。

クロス集計は、企業においてアンケート集計に用いられ、本書では第8章の決定木分析のアルゴリズムの説明に用いている。

重要ポイント 平均、歪み度、尖り度で95%信頼区間を計算して、その区間が0を含んでいれば、それらの母集団の平均、歪み度、尖り度の値は0と推測できる。これは、母集団でこれらの値を0と仮定（帰無仮説）し、その仮定のもとで、あとで紹介するt値を計算し4件の標本から得られる標本統計量が現れるp値を計算すると、5%以上であることに対応している。クロス集計では、標準誤差が分かっていないので95%信頼区間の代わりにp値で判断したわけである。

1・6 散布図と相関係数

(1) 散布図

2個の数値変数の関係は、横軸にxの値をとり、縦軸にyの値をとる。散布図とは、xとyの値のクロスする点にケースを表す印をプロットしたものだ。それでは、$(x, y)=(0, 1)$、$(x, y)=(1, 1)$、$(x, y)=(1, 3)$、$(x, y)=(2, 3)$の4点をプロットしてみよう（図1-9）。散布図を描くことで、2個の数値変数の関係が把握できる。

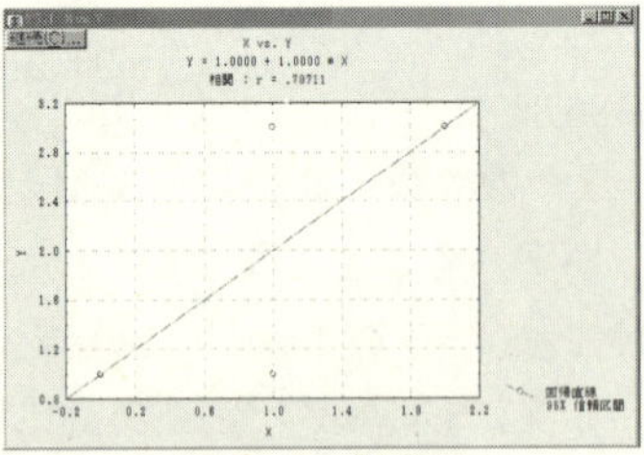

図1-9 散布図

(2) 相関係数

相関係数（Correlation Coefficient）rは、2組の数値変数間に直線的な比例関係があるか否かを調べる統計量である。

図1-9の散布図から、xの値が増えると、yの値も増える傾向があることが見て取れる。この場合、相関係数は正になり、正の相関があるといわれる。逆に、xの値が増えると、yの値が減る傾向がある場合、相関係数は負になり、負の相関があるといわれる。一方、xの値が増えても、yの値が増えたり減ったりという傾向がない場合、相関係数は0に近くになり、無相関といわれる。

xの偏差とyの偏差の積の和を（n−1）で割ったものをxとyの共分散という。xとyが同じであれば、式から分かる通りx（あるいはy）の分散になる。それでは図1-9を見ながら、xとyの共分散を求めてみよう。図1-9より、プロットされた4点は（x, y）=（0, 1）、（x, y）=（1, 1）、（x, y）=（1, 3）、（x, y）=（2, 3）となる。また、式中に登場するm_xはxの平均値、m_yはyの平均値を表す。すなわち$m_x = 1$、$m_y = 2$となる。

$$x\text{と}y\text{の共分散} = \frac{\Sigma\,(x_i - m_x)\,(y_i - m_y)}{(\mathrm{n}-1)}$$

$$= \{(0-1)*(1-2)+(1-1)*(1-2)+(1-1)*(3-2)+(2-1)*(3-2)\}/3$$

$$= \frac{2}{3}$$

となる。

相関係数rは、次に示すようにxとyの共分散を、xの標準偏差とyの標準偏差の積で割ったものである。相関係数rは、$|r| \leqq 1$の値になる。復習をかねて実際に手計算し

てほしい。

$$\text{標準偏差} = \sqrt{\text{分散}} = \sqrt{\frac{\text{偏差平方和}}{\text{自由度}}}\ \text{だから}$$

$$x\text{の標準偏差} = \sqrt{\frac{2}{3}}$$

$$y\text{の標準偏差} = \sqrt{\frac{4}{3}}$$

xとyの共分散は先に計算した通り2/3なので、相関係数

$$r = \frac{2}{3} \Big/ \left\{\sqrt{\frac{2}{3}} * \sqrt{\frac{4}{3}}\right\} = \frac{1}{\sqrt{2}} \fallingdotseq 0.707$$

ただし、読者は次のような表1-7の表を作成したほうが分かりやすいだろう。

ID	x	xの偏差	偏差平方	y	yの偏差	偏差平方	xとyの偏差の積
1	0	−1	1	1	−1	1	1
2	1	0	0	1	−1	1	0
3	1	0	0	3	1	1	0
4	2	1	1	3	1	1	1
合計	4	0	2	8	0	4	2
平均	1			2			

表1-7　相関係数を求める

共分散は、xとyの偏差の積の合計2を自由度の3で割った$\frac{2}{3}$

xの分散は、xの偏差平方の合計2を自由度の3で割った$\frac{2}{3}$

xの標準偏差は、xの分散$\frac{2}{3}$の平方根$\sqrt{\frac{2}{3}}$

yの分散は、yの偏差平方の合計4を自由度の3で割った$\frac{4}{3}$

yの標準偏差は、yの分散$\frac{4}{3}$の平方根$\sqrt{\frac{4}{3}}$

相関係数は、共分散/(xの標準偏差＊yの標準偏差)

$$= \frac{\left(\frac{2}{3}\right)}{\sqrt{\frac{2}{3} * \frac{4}{3}}} = \frac{1}{\sqrt{2}}$$

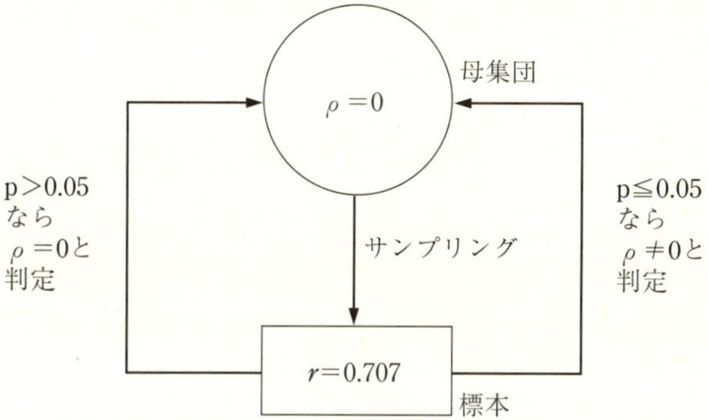

図1-10　母相関係数の推定

(3)　母相関係数を測定する

4件の標本から、標本相関係数を計算した。この値から、母集団の相関係数である母相関係数ρ（ロー）を推測するロジックは図1-10の通りである。

母集団で、2変数は無相関（$\rho=0$）であったとする。この条件の下で、4件のデータが得られ、その相関係数rが0.707になった。統計学者たちの研究を通じて、このような結果になる確率（p値）を求める計算式が分かっている。読者はこうした面倒な計算をいっさい行う必要がない。添付CD-ROMに収録したSTATISTICAを使えば、このp値は瞬時に分かるからだ。

このp値が5%以下であれば、まれなことが起きたと考える。そしてその原因は、集めた標本に問題があるとは考えず、母集団の仮定に問題があると考える。すなわち、母相関係数ρは0でないと判断する（帰無仮説を棄却する）。

一方、このp値が5%以上であれば、当たり前のことが起きたと考える。そして、母集団の仮定を受け入れる。すなわち、母相関係数ρは0であると判断する（帰無仮説を棄却しない）。

ここで取り上げた4件のケースでは標本相関係数rは計算によって0.707であった。統計書の中には、「相関係数の絶対値が0.7以上であれば強い相関がある」とか、「0.4以下だと無相関と判断しなさい」という指針が紹介されている。この指針にしたがえば、4つのデータの相関係数は0.707だから、母集団にも正の相関があるということになる。

しかし、これは、統計ソフトの利用を前提にしていない古くて間違った考えである。ここで紹介した4件のデータの標本相関係数は0.707だが、STATISTICAで計算するとp値は0.293になるので母集団が無相関であるという仮定は間違っていないことを意味する。これは、正の相関を窺わせる標本相関係数0.707と矛盾してしまう。こうした場合は、どう判断すればいいのか？

結論は簡単だ。p値が0.05以上であれば母相関係数ρは0、0.05以下なら母相関係数ρは0でない（すなわち、正か負の相関がある）と判断すればよい。ただそれだけだ。相関係数はあくまでも参考指標として考えておけばよい。相関係数0.707は大きいように見えるが、無相関の母集団から4件サンプリングした場合、実はしょっちゅう現れる値なのだ。相関係数の解釈は、p値で判断すればいい。

以上の説明に不満な読者は、$x=2$で$y=3$のデータを、$x=0$で$y=3$に動かすことで、無相関の状態を簡単に作り出せることを考えてみてほしい。少ないデータでは、少しの変化でこのようなことが起き、信頼性に乏しく、$r=0.7072$

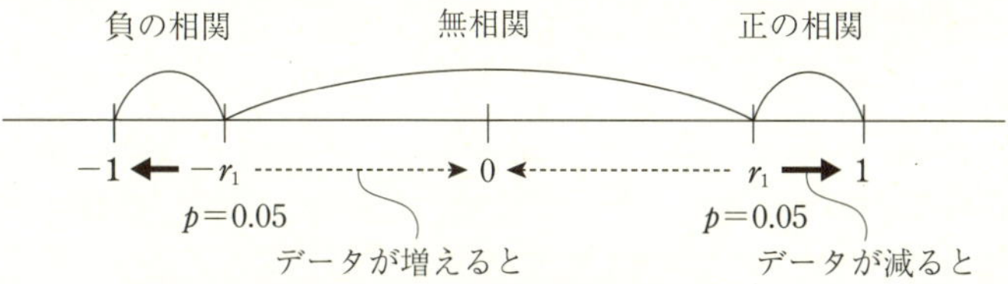

図1-11　相関係数の判定法

であっても正の相関ありと断定できないわけだ。

(4) rの秘密

p値が0.05になる相関係数r_1（または$-r_1$）は、ケース数が大きくなるにつれ±1近辺から0に近づいていく。そして、図1-11のように$-1 \leqq r \leqq -r_1$であれば負、$-r_1 < r < r_1$であれば無相関、$r_1 \leqq r \leqq 1$であれば正と判断すればよい。強い正や負の相関があるか否かは、散布図に迷いなくデータによく合う直線が書き込めるか否かで判断すればよい。

重要ポイント 推測統計学の考え方は難しいが、中学校で習う「背理法」の応用である。Aという仮説が正しいとして、結果としてBが導かれた。しかし、Bはありえない事象である。これは、Aという仮説が間違っているからである。ありえない事象かどうかは、AのもとでBが起きるp値の値で決める。ただそれだけである。統計が難しいのは、どのようにしてp値が計算されるかの理論の部分である。統計ソフトを用いれば、この値はすぐ分かるので、正しく解釈できれば利用者にとってそれで十分だ。

1・7 単回帰分析

一般に、勉強時間が長い学生ほど、成績がよくなると思われている。これを確かめるために、縦軸に成績、横軸に勉強時間をとって、学生のデータをプロットすると、2つの要因の関係が見えてくることがある。このように、結果となる変数の動きが、原因となるデータの動きによってどの程度説明できるかを分析する手法を回帰分析という。

2個の数値変数xとyの間に相関があったとしよう。さらに、xが原因で、その結果としてyが影響を受けるという因果関係が考えられるとしよう。この場合、データによく合う$y = \mathrm{a}+\mathrm{b}x + \mathrm{e}$という線形式で、2変数の関係を記述することにする。yは目的変数（従属変数）、xは説明変数（独立変数）と呼び、aは定数項、bはxの回帰係数、eは残差という。そして、xの値から（$\mathrm{a}+\mathrm{b}x$）を計算し、これをyの予測値$\hat{y}$とするわけである。（実際の）yの値の$\hat{y}$からの偏差を残差（error、eと略す）という。$\hat{y}$が平均値を、残差eが偏差の役割を果たす。

xとyのデータから、残差の平方和を最小にする、回帰係数aとbを求める方法を、回帰分析では最小自乗法といっている。

(1) 回帰式

散布図に、データにうまく合う直線を書き込んでみよう。その中で残差の平方和を最小にする直線を単回帰式という。この4件のデータでは、図1-9に表示されている数式に示す通り、回帰分析の結果、次の予測式が求められた。

$$\hat{y}(y\text{の予測値}) = 1+x$$

等号の右辺にある式のxに、0、1、2を代入すれば、予測値1、2、3が計算される。それをyの予測値として、新しい変数$\hat{y}$の値にしましょうというのが、回帰分析である。

右辺の式の1は定数項あるいはy切片と呼ばれている。xは説明変数とか独立変数といわれる。変数xにはたまたま係数1がかかっているが、これをxの回帰係数という。予測される変数yのことを目的変数とか従属変数という。xを原因と考えれば、yは結果になり、因果関係を表す。

回帰式の求め方は、授業では行列演算の応用として教えているが、ここでは割愛する。

実際のyの値から予測値を引いたものを残差（residual）あるいは誤差（error）という。本書では、残差にこれ以降統一する。残差と誤差は、推測統計学では使い分けているが、応用上は厳密に使い分けることもないだろう。

$$残差\ \mathrm{e} = y - \hat{y}$$

すなわち、残差を用いると、実際のyとxの間は次の関係式になる。

$$y = 1 + x + \mathrm{e}$$

(2) 分散分析表の仕組み

回帰分析の解説では、最初に表1-8のような分散分析表が現れる。分散分析表とは文字通り、求めた回帰式が意味があるかどうかを、回帰に関わる分散と残差に関わる分散の比で判定するためにこう呼ばれている。回帰分析の帰無仮説は、回帰係数がすべて0と仮定し、あとで説明するF値から計算されるp値でそれを受け入れるか否定するかを

	平方和	自由度	分散（平均平方）	F値
回帰	$\Sigma(\hat{y}_i - m_y)^2$	k	$A = \Sigma(\hat{y}_i - m_y)^2/k$	A/B
残差	Σe_i^2	n−k−1	$B = \Sigma e_i^2/(n-k-1)$	
全体	$\Sigma(y_i - m_y)^2$	n−1	$C = \Sigma(y_i - m_y)^2/(n-1)$	

表1-8　分散分析表

判定する。

例のごとく、表1-1のデータを使って、手計算してみよう。表に示す通り、yの平均値（m_y）は2であった。したがってyの偏差平方和（単に平方和と略すこともある）は次の式になる。これが表1-8の分散分析表では全体の平方和と呼ばれている。ここでは、y_iは1、1、3、3の値をとるから、全体の偏差平方和は以下のようになる。

全体の偏差平方和

$$= \Sigma(y_i - m_y)^2 = \Sigma(y_i - 2)^2 = (-1)^2 + (-1)^2 + 1^2 + 1^2 = 4$$

これを自由度（n−1）で割ったものがyの分散であった。表1-8では、全体の分散として示されている。この分散は、yの平均値m_yからのyのバラツキを表している。

$$全体(y)の分散 = \Sigma\frac{(y_i - m_y)^2}{(n-1)} = \frac{4}{3}$$

次に、yの予測値$\hat{y}$のyの平均値（m_y）からの偏差平方和を、回帰の平方和という。これを説明変数の個数kで割ったものを考える。これは予測値の一種のバラツキ（分散）を表し、kは一種の自由度になる。これらは、表1-8の回帰の行にまとめてある。この分散は、m_yからの予測値$\hat{y}$のバラツキを表している。

回帰（予測値）の分散

$$= \Sigma \frac{(\hat{y}_i - m_y)^2}{k} = \frac{\{(-1)^2+0^2+0^2+1^2\}}{1} = 2$$

最後に、yの予測値$\hat{y}$をあたかも平均としてyの値の偏差を考え、自由度（n−k−1）で割ったものを考える。これは、回帰式で表される直線の周りをバラツく、残差の分散になる。（n−k−1）が自由度になる。これらは、表1-8の残差の行にまとめてある。

$$\text{残差の分散} = \Sigma(y_i - \hat{y}_i)^2/(n-k-1)$$
$$= \Sigma e_i^2/(n-k-1)$$
$$= \{0^2+(-1)^2+1^2+0^2\}/2 = 1$$

全体の自由度は前にも説明しているので（n−1）であることは理解しやすい。しかし、回帰の自由度kと、残差の自由度（n−k−1）は分かりやすい説明はできないので、このまま理解しておこう。

(3) 分散分析表の絵解き

以上3つの分散は、図1-12に示すような何を平均と考え、それからのどんな隔たりを表すバラツキ（偏差）を評価しているかで理解できる。ここでは、4個のデータ（x_1, y_1）、（x_2, y_2）、（x_3, y_3）、（x_4, y_4）を考えることにする。m_yはyの平均値である。そして、$\hat{y}$=a+bxは回帰式を表す。

全体の分散は、図1-12の（a）に示すように、yの平均m_yからのy_iの偏差を評価している。これは、m_yを平均と考え、y_iの偏差によるバラツキを表している。すなわち、m_yを平均としたy_iのバラツキを表す。

回帰の分散は、(b) に示すようにm_yからのy_iの予測値$\hat{y}_i$の偏差を評価している。すなわち、m_yを平均とした$\hat{y}_i$のバラツキを表す。一般的には、役に立つ情報に対応している。

残差の分散は、(c) に示すように$\hat{y}_i$からのy_iの偏差（残差）を評価している。すなわち、$\hat{y}_i$を平均としたy_iのバラツキを表す。あるいは、$\hat{y}_i$を平均とした残差e_iのバラツキを表す。一般的には、役に立たない雑音に対応している。

そして、全体の偏差平方和は回帰の偏差平方和と残差の平方和の和になることが知られている。回帰の偏差平方和が大きくなり全体の偏差平方和に近づけば、残差の平方和はゼロに近づく。すなわち、回帰の分散が大きくなれば、残差の分散はゼロに近づき、その比すなわちF値は大きくなる。逆に、回帰の偏差平方和が小さくなれば、残差の平方和は全体の偏差平方和に近づく。すなわち、回帰の分散が小さくなれば、残差の分散は大きくなり、その比すなわちF値は小さくなる。F値は、工学の世界ではSN比すなわちSignal/Noise比のことだ。雑音に比べて、情報がどれくらい大きいかを評価している。回帰分析では、残差に比べて、回帰式の予測値$\hat{y}_i$が実際の値y_iをどれだけよく表しているかを表していることになる。

(4) F値

回帰の分散を残差の分散で割ったものがF値という統計量になる。回帰の分散が残差の分散に比べて大きいほど、回帰式に予測能力があると判断するわけだ。これは直線の傾きbが、残差のバラツキ以上に傾いていると判定していることと同じである。bが0でなければ、xの値の変化がyに影響するわけだ。

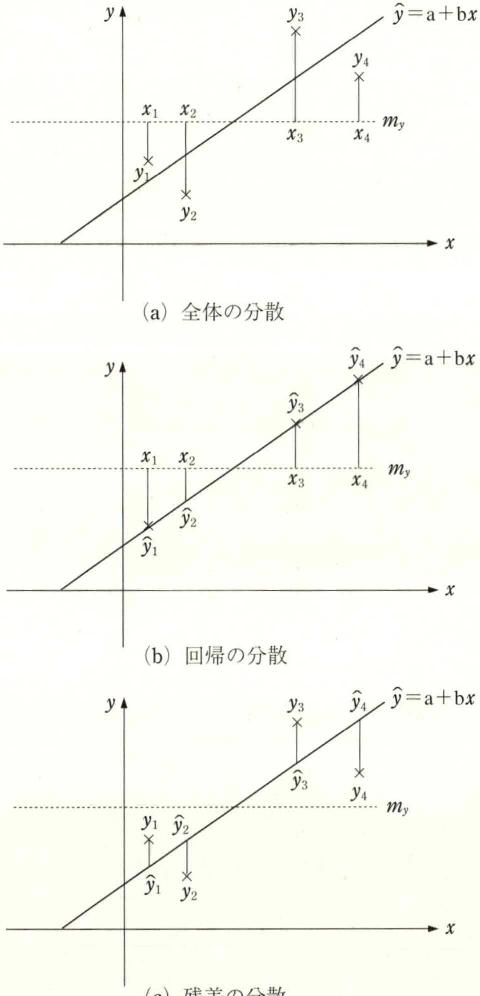

(a) 全体の分散

(b) 回帰の分散

(c) 残差の分散

図1-12　分散分析表の絵解き

逆に、回帰の分散が残差の分散に比べて小さければ、回帰式に予測能力がなく、y = a+bx+eの線形式のbを0と判定する。その場合、回帰式は$y_i = 2+e_i$になる。すなわち、yの予測値はxの値と関係なく2と考える。実際の値y_iは、m_yの2に残差e_iが加わっただけである。

F値＝回帰の分散／残差の分散

$$= \{\Sigma(\hat{y}_i - m_y)^2/\mathrm{k}\} / \{\Sigma(y_i - \hat{y}_i)^2/(\mathrm{n}-\mathrm{k}-1)\} = 2$$

分散分析表で重要なことは、全体の平方和が回帰と残差の平方和に分解されることである。すなわち、「全体の平方和＝回帰の平方和＋残差の平方和」。自由度に関しても、「全体の自由度＝回帰の自由度＋残差の自由度」が成り立つ。

(5) 分散分析表を完成してみよう

それでは、4件のデータで、各種の偏差平方和や分散を計算し、表1-9の分散分析表を完成してみよう。ここで平方和と同じく自由度も、回帰＋残差＝全体になっていることを確認しよう。

	平方和	自由度(DF)	分散(平均平方)	F値(p値)
回帰	2	1	2	2 (0.293)
残差	2	2	1	
全体	4	3	4/3	

表1-9　分散分析表

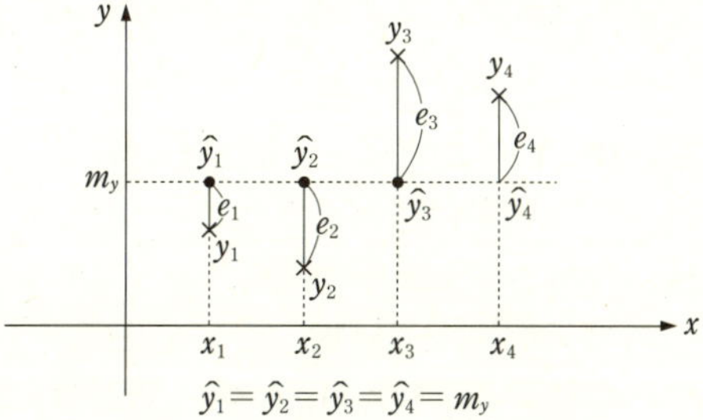

図1-13　分散分析表の絵解き

	平方和	自由度（DF）	分散（平均平方）	F値
回帰	0	1	0	0
残差	4	2	2	
全体	4	3	4/3	

表1-10　回帰分析が役に立たない場合

(6) 回帰分析が役に立たない場合

回帰分析では、回帰の分散が残差の分散に比べて大きいほど、よいと考えている。これは、説明変数xの値の変化がyの予測値$\hat{y}$（=a+bx）の変化に影響することを表す。逆にb=0であれば、回帰式は$\hat{y}=m_y$になり、回帰の平方和Σ$(\hat{y}_i-m_y)^2$は0になり、全体の平方和はΣ$(y_i-m_y)^2$は残差の平方和Σe_i^2と同じになる。分散分析表の絵解きは図1-13のようになる。そして、分散分析表は表1-10のようになる。

(7) 回帰分析の帰無仮説

回帰分析の帰無仮説は、母集団で回帰式を計算すると、すべての回帰係数が0になると考える。標本データから、回帰係数が1すなわちxが1単位増えるとyも1単位増えるという傾向が見つかった。この回帰式からF値を求めると2

になり、帰無仮説からこのようなF値になるp値は0.293であることが分かる。0.05より大きいので、帰無仮説を受け入れることになる。すなわち、標本回帰係数は1であっても母回帰係数は0と判断する。

あるいは、回帰係数の標準誤差も統計ソフトから出力されるので、回帰係数の95%信頼区間を計算すると0を含んでいるので、回帰係数を0と判定する。これは、標本平均から母平均が0かどうかを判断したロジックと同じである。

回帰係数が0であるので、予測モデルは、$\hat{y}=2$あるいは$y=2+e$になる。すなわち、xはyの予測に役に立たず、yの予測値はyの平均の2と考えるのが妥当であることになる。yの値は2の周りでバラツいているが、このバラツキはxで説明できないことを表している。

重要ポイント 単回帰分析の回帰係数が0か否かの判断は、(後で紹介する標本回帰係数の95%信頼区間か) 分散分析表のp値で判断できる。

1・8 分散分析

ややこしいが、回帰分析の分散分析表ではなく分散分析と呼ばれる統計手法がある。分散分析は、標本全体を性別のような質的変数でグループに分け、男女間の成績の平均値に差があるかどうかを調べるための統計手法である。実はこの場合の分散分析は、詳しい説明は省くが、性別を0/1のダミー変数で表して説明変数として、成績を単回帰分析しても同じことである。

ここで分散分析についても説明しようと考えた。しかし、この部分は、実際に統計ソフトを使いながら解説したほうがわかりやすいと思われるため、ここでは説明を割愛した。

第7章で分散分析を学んだ後、読者自身でxを目的変数(勉強時間)とし、yを説明変数($y=1$を男性、$y=3$を女性と読み替えて)として、分散分析を表1-8のように3つの分散で説明することを試みてほしい。

実は分散分析も回帰分析も何を平均と考えるかが分かれば同じように理解できる。分散分析では、グループの平均値がグループに属するケースの予測値になっている。

重要ポイント もっと練習問題がほしい読者は、どうすればよいだろう。本書を読んだ後、STATISTICAを個人家庭教師にして、自分で小さなデータを入れ、答えを教えてもらえばよい。これからの時代は、よいソフトを用いて生涯教育のスタイルを作り上げることが重要である。

以上、駆け足で、統計学の基礎知識を解説してきたが、中には消化不良になって自信を喪失している方もいるかもしれない。しかし、不安を覚える必要はない。第1章の目的は、あくまでも手計算を通じて、アウトラインを体感してもらうことである。第5章から第7章で、おりに触れて復習しながら解説を進めていくので、安心して読み進めていただきたい。

第2章

統計ソフトを使ってみよう

2・1 分析対象を決め、作業仮説を考える

本章では、汎用統計ソフトSTATISTICAを使って初学者でも取り扱いやすい小規模のアンケートデータを用い分析してみることにする。まず、具体的なソフトの操作方法の解説に入る前に、作業仮説の立て方、調査項目の選定法などの事前準備から解説していこう。

本書では、「学生の成績が、何に影響されるか」を調べるために、データを集めることにした。最初に、データ収集にあたっての注意点を考える。

重要ポイント データを集める前に、どんな結果が得られるか考えてみよう。それが正しいかどうか、データを統計ソフトで分析することですぐに明らかになる。

いま、私の統計学の授業を受けている学生の成績が、何に影響されるかを調べたいものとする。このため、手元にある学生の成績に加えて、性別、勉強時間、支出、喫煙の有無、クラブ活動などの項目についてアンケート調査を行って、そのデータを統計ソフトで分析することにした。

調査項目（統計では変数という）を決定するため、どのような結果が得られるかを事前に想定しておくことが重要だ。このことを、「作業仮説」という。

例えば、次のようなことが考えられ相関分析と回帰分析で分析できる。

・成績は、勉強時間が多いほどよい（正の関係がある）。
・成績は、飲酒量に反比例する（負の関係がある）。

・遊んでいる学生は、成績がわるい。遊んでいる時間やそれを間接的に表す遊興支出と成績は負の関係がある。

以下は、分散分析と呼ばれる手法で分析できる。

・成績は、喫煙の有無と関係がある。すなわち、吸わない学生の成績のほうがよいだろう。

・女子学生のほうが一般にまじめなので、男子学生に比べ成績がよいだろう。

・クラブ活動と成績に、どんな関係があるだろうか興味がある。 例えば、運動部より英会話の部員の成績がよいだろう。

このような「作業仮説」をできるだけ多く考え、それらが正しいかどうかを検証するために、データを集める。データが集まれば、そこから統計ソフトを用いて有用な情報を引き出し、結果を得ることは容易である。

図2-1を見てほしい。何か調べたいことがある。この分析対象は、統計では母集団と呼ぶが、最初は雲のようにも

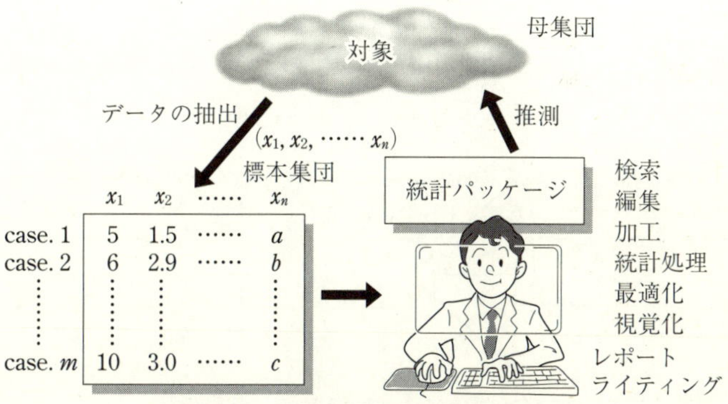

図2-1　統計手法のアプローチ

やもやしている。そこで自分の経験や知識を動員して、「作業仮説」を考えることで、分析対象の特徴をデータとして表す変数が決まってくる。

変数が決まれば、母集団の構成メンバーである一部の学生にアンケートし、それをデータシートにまとめることができる。もやもやした分析対象を、一枚の形あるデータシート（これを統計では標本という）に置き換えたわけだ。

この標本を統計ソフトで分析し、その情報を使って母集団の特徴を調べることができる。

統計のすばらしい点は、母集団の一部にすぎない標本から得られた情報（標本統計量という）で、母集団の特徴（母数）を推測できることである。これが推測統計学といわれる所以である。

推測統計学以前は、集めたデータから合計や平均を計算して、それで終わりであった。母集団と標本というとらえ方をしないこの統計学を、記述統計学と呼んでいる。

統計ソフトには、色々な手法が含まれている。上で考えた作業仮説は、図2-2のように勉強時間などを入力（説明変数）として、成績を出力（目的変数）とするブラックボックスモデルを考えている。これは、統計分析の花形であ

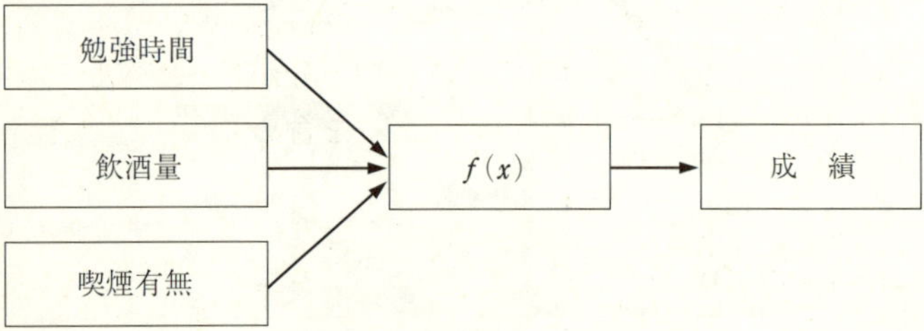

図2-2　回帰モデル

る回帰分析を表す模式図でもある。

最近では、潜在構造分析と呼ばれるもっと精緻な統計モデルも統計ソフトで簡単に扱えるようになっている（巻末参考文献8、9）。

2·2 調査表を決定しよう

重要ポイント 調査表の作成で注意することは、内容のよく分かる変数名を選び、変数のタイプを決めることである。

作業仮説が正しいか否かを確認するため、その目的にあったデータを集めることが必要になる。データを集める方法としては、アンケート調査、実験や観測による測定、ホームページや書籍や雑誌などからデータを探すなどが考えられる。

本書では、大学生を対象に行ったアンケート調査データを使い、こうした作業仮説を検証してみたい。このようなアンケート調査をもっと厳密に行いたい場合は、「調査法」に関するテキストを調べてほしい（巻末参考文献7）。

アンケートに際しては、以下のように調査対象と調査表の詳細を決める必要がある。そして、分かりやすく簡潔な変数名を日本語や英語で決め、単位を含め変数の内容を明確に定義してほしい。

(1) 調査対象

統計の成績が何に影響されるかを調べる目的で、受講生40人を対象にアンケートを行う。本書では、青山学院大学国際政経学部の高森寛教授の作成した「学生の生活実態調査データ」(40人の学生の7変数データ)を用いる。わずか40件＊7変数の小さなデータにこだわったのは、大きなデータでは読者にとって見通しが悪くなるからである。かといって10件程度の小さなデータだと、満足な説明ができなくなる。

また、筆者のこだわりとして、「木を見て森を見ず」といった感のあるSAS(サス)、SPSS(エスピーエスエス)などの商用統計ソフトとSTATISTICAの特徴を同一データを分析することで比較評価したかった。それぞれの統計ソフトは、一長一短あり、これ1つで十分という状況にないので、このようなこだわりも読者が統計ソフトを選ぶ際に何かの役に立つものと思う。

注.『統計処理エッセンシャル』(高森寛・新村秀一、丸善)は、このデータをSASで分析したテキストである。『SPSS for Windows入門』(新村秀一、丸善)は、このデータをSPSS for Windowsで分析したテキストである。そして、本書は前2冊の問題点を踏まえて、STATISTICAでグラフを主体に分析したテキストである。

(2) 変数名

変数名としては、半角8文字(全角4文字)以内にして、変数の内容が分かるものを工夫すべきである。

統計ソフトのSTATISTICAやSPSSでは、全角4文字までの日本語や半角8文字までの変数名が扱える。あるいはSASのように、変数名は8文字以内の半角英数字に限定されるものもある。

表2-1のように日本語と英語の変数名を考えてみた。読者も自分なりに考えてみてほしい。英単語を用いる以上は、内容を表す名詞や動詞の単語がよいようである。なお、以

下では、この表の変数名を使用する。分析結果をまとめた表の記号やコードの意味が分からなくなったら、随時この表を参照していただきたい。

変数名	変数タイプ	内容
学籍番号(ID)	識別変数(質的変数)	学生に一意につけられた番号。データの識別に用いる。ただし、1からの連続番号の場合は、統計ソフトが設定していることが多い
性別(SEX) V1	質的変数	男子学生を 0、女子学生を 1。ただし、M(Male)と F(Female)のほうがよいかも
成績(SCORE) V2	量的変数	0点から100点満点の成績素点
評価 (RANK) V9	質的変数	成績から、80点以上を優、70点以上を良、60点以上を可、それ以下を不可(不合格)とした評価(RANK)が行われる。しかし、成績の得点分布を基に、相対評価することも多い。このような派生的な変数は、調査表には記入せず、コンピュータで計算するほうが正確である
勉強時間(HOUR) V3	量的変数	1週間の自宅での自習時間(単位は、時間/週)
支出(MONEY) V4	量的変数	1ヵ月の遊興支出(単位は、万円/月)
喫煙有無(SMOKE) V5	質的変数	喫煙習慣の有無を1と0。あるいは、YとN
飲酒日数(DRINK) V6	量的変数	1週間の飲酒日数(単位は、日/週)
クラブ活動(CLUB) V7	質的変数	クラブ活動。野球部、柔道部、英会話、その他で回答。元のデータでは、支持政党であったのを修正している

注:V1からV9は、STATISTICAで変数を指定するのに用いている。

表2-1　調査項目

2・3 変数のタイプとコード化

重要ポイント 変数のタイプに注意し、質的変数をうまくコード化すると作業が楽になる。

データを集めるに際して、変数のタイプとコード化に注意しておく必要がある。

変数のタイプは、表2-2に示すように、4つに分ける方法と、それらを2つにくくる分類がある。念のために、名義尺度、順序尺度、間隔尺度、比尺度の説明を3列目にまとめておく。コンピュータでデータを実際に分析するようになって、質的変数（カテゴリー変数）と量的変数（数値変数）に2分類することが多い。統計手法の多くは、この2分類によって用いる手法が異なってくる。また、量的変数は数値で表されるが、質的変数は文字で表したり、整数値で表すこともできる。

量的変数は、そのまま数値を入力すればよい。それ以外

変数のタイプ		説明
質的変数（カテゴリー変数）	名義尺度	性別などデータにつけたラベル。データを、全体で分析した後、性別ごとに層別して分析するのに用いる
	順序尺度	成績の評価（優、良、可、不可）のように、順序関係のあるもの
量的変数（数値変数）	間隔尺度	順序に加えて、値と値の間に距離がある場合。例えば、セ氏で表される温度
	比尺度	比率が意味のあるもの。例えば、体重や身長などの計測値。絶対温度

表2-2　変数のタイプ

の非数値変数を質的変数（カテゴリー変数）と呼ぶことにする。質的変数は、その値を入力しやすいように文字や整数値でコード化する必要がある。

例えば、性別では、男性をMale、女性をFemaleとしてもよいが、頭文字のMとFにする。ManとWomanで、 Mと Wでもよさそうだが、統計の世界ではMとFの表記が一般的である。このほか、男性に0、女性に1というような整数値を与える方法もある。この方法では、実際の整数値と混乱しやすい。また、男性を1、女性が0という値でもかまわないので、間違いやすいという欠点もある。

しかし、2値カテゴリーデータを記号でなく0と1で表し(ダミー変数という)、あたかも量的変数のように回帰分析やその他の手法で用いることができる。そこで今回は、0／1を用いる。

喫煙の有無の場合、“有り”を1、“無し”を0とするのが一般的である。このほか、Yes（Y）またはNo（N）とコード化することもある。

クラブ活動のようによいコードがない場合、ローマ字表記か英文字表記の頭文字の記号を入力し、後でパソコンソフトで変換（置換）すればよい。

2·4 量的変数をカテゴリー化してみよう

重要ポイント 量的変数をカテゴリー化し、質的変数（順序尺度）にすることで、分析の幅が広がる。

量的変数をわざわざ質的変数にすることを、カテゴリー化という。カテゴリー化によって、量的変数を扱う統計手法で分析できるほか、質的変数として分析が行える。あるいは、データを幾つかのグループに層別し、分析し比較することで、重要な情報が得られることもある。

例えば、成績は勉強時間が多いほどよくなるか否かは、相関係数（第6章）で分かる。成績と勉強時間の値を、「よい」と「わるい」、「多い」と「少ない」にカテゴリー化すれば、相関係数に代わって二重クロス集計（第7章）を用いて分析できる。きっと次のような結果になるだろう。「成績がよく勉強時間も多い、あるいは成績がわるく勉強時間も少ない」という学生が多い。逆に、「成績がよいが勉強時間は少ない、あるいは成績がわるく勉強時間は多い」という学生は少ない。このように、2つの質的変数の組み合わせを満たす度数を分析する手法が二重クロス集計である。アンケート調査によく用いられる。

さらに、データ全体で分析した後、性別でデータを2つに分けて分析すると性差の違いが現れる。この場合、性別を表す変数を層別変数（説明変数）という。量的変数をカテゴリー化することで、データを層別した分析が行える。

逆に、質的変数に数値を与えることを数量化と呼んでいる。この分野は、林知己夫先生（元統計数理研究所所長）、西里静彦先生（元トロント大学教授）を始めとする日本人研究者の活躍が評価されている分野である。前に紹介した、2値をもつ質的変数を0/1で表し、量的変数と同じように分析することも数量化の一種である。

成績の評価（RANK）は、クロス集計の章で紹介するカテゴリー化の方法で、成績（SCORE）から求められる。コンピュータで処理する場合、このような派生的な変数は、作業負担の軽減と入力ミスを避けるため元の変数から計算したほうがよい。例えば、幾つかの変数の値の合計を手計算で集計して、あらかじめ合計値を1つの変数として調査表に記録したものもあるが、集計ミスや計算ミスを避ける意味でもやらないほうがよい。

しかし、元データの入力ミスの検証を行うため、ビジネス分野ではあらかじめ合計などを計算しチェックに用いることもある。

2・5 入力ミスの発見

重要ポイント 入力ミスは、できるだけ早く発見しないと、後で面倒になる。

最初にデータを入力した段階で、入力ミスがないかを検討することが重要である。後で見つけた場合、それまでの分析結果が無駄になってしまう。

他人の作成したデータを、CD-ROMやホームページからもってくる場合は、合計や平均が分かっている場合は、入力データを使ってそれらの値をSTATISTICAで基本統計量を計算し（第5章）、あっているか否かを調べることで入力ミスのあることが発見できる。

2・6 統計手法を鳥瞰する

まじめな人ほど、書店に行って『重回帰分析』、『判別分析』、『分散分析』などの個別統計手法の専門書を買い求め、勉強を始める。筆者はそれほどまじめではないが、同じアプローチをとった。本書1冊で紹介する手法を勉強するのに、10年以上かかった。

しかし、統計手法の全体像を押さえ、その後で各論に入る方が効率的でなかろうか。

(1) 重要な統計手法はこれだけ

ここでは、医薬品やマーケッティング分野などの特定分野の統計利用者でない、一般的な人にとって重要な統計手法を紹介する。

統計学は奥の深い学問で、非常にたくさんの理論や手法

	量的変数	質的変数
1変数	ヒストグラムと重ねがき正規分布、基本統計量	単純集計
2変数	散布図行列、相関行列	二重クロス集計
3変数以上	サンプルスコアと因子負荷量のプロット、主成分分析、樹状図とクラスター分析	多重クロス集計

表2-3 データの分布を調べる手法

		目的変数	
		量的変数	質的変数
説明変数	量的変数	残差のヒストグラム、重回帰分析	判別分析
	質的変数	層別箱ヒゲ図、分散分析	決定木分析

表2-4 予測に関する手法

が開発されている。しかし、多くの人に役立つ重要な手法は限られている。表2-3と表2-4に示す統計手法をマスターすればよい。

出発点さえ間違わなければ、一生役に立つ技術を身につけることはそれほど難しくない。しかしアプローチの仕方を間違うと、茨の道である。

筆者の経験では、大学で確率論は習ったが実用的な統計学は習わなかった。そこで、社会に出て講習会やテキストの独習で10年以上の悪戦苦闘の日々を送った。

しかし、読者はこの本を最短3日程度で理解できる。その後、身近なデータを自分で選んで分析し、レポートを作成することはそれほど難しくないはずだ。まず実践し、その後で統計の勉強をしなおすほうが楽である。

重要ポイント 筆者の主張は、一般的なデータはこの表の通り分析し、レポートもこの順序で素直に書けばよいということである。レポートを書くためのお手本が本書である。

実際、統計を十分知らない成蹊大学の1年次生の基礎演習でも、データを集めさせ、統計レポートを作成させている。すべての学生が理解できているわけではないが、従来の統計理論中心の授業より効果的であると思われる。とにかくスタートを切ることが重要である。

役に立つと思えば、難しい理論も後で勉強したいと思うであろう。

(2) データ解析の基本方針

データ解析の基本方針は、次の通りである。

・表2-3と表2-4の順にデータを素直に分析することである。ただし、アンケートデータで、質的変数しかない場合は、量的な分析は行わないなどの修正が必要になる。

・データを全体で分析した後、層別して比較することが重要である。

・多くの統計手法は、それを分かりやすく視覚化するグラフ表現がある。まずグラフで、直感的に理解することが重要である。例えば、ヒストグラム、層別箱ヒゲ図、散布図行列などが重要である（詳しい説明は後述）。

・レポートの作成は、統計ソフトの出力をMicrosoftのプレゼンテーション用ソフトPowerPointに貼り付け、並べ替えなどを行って発表用資料を作成する。その後でその流れに沿ってワープロでレポートを作成すればよい。STATISTICAの利用方法を省けば、本書自体が1つの統計レポートになる。レポートの書き方や言いまわしは、拙著『パソコンによるデータ解析』などを手本にすればよい。

・基本統計量の読み方は、後で紹介する方針にしたがう。

多くの場合は、以上のことを行えば、驚くくらい簡単に質の高いレポートが短期間に作成できる。ただし、特定の分野では、その分野特有のデータ解析の手順がある。

大量のデータを扱うデータマイニングでも、表2-3の分析手法を、基礎（予備）解析として必ず行うべきであろう。

重要ポイント 多くのデータは、表2-3と表2-4の通りに分析し、レポートにまとめればよい。統計量は、まずグラフで判断しよう。

第3章

データを作成してみよう

3・1 データの作成

ここでは、集めたデータをExcelに入力し、それを再びSTATISTICAに読み込んでデータ解析の準備を行う。Excelを使ってデータ解析を行うことは難しいが、Excelでいったんデータを保管し、その後多くのソフトとの連携を図ることは有意義だ。

(1) 調査データについて

さて、学生にアンケートした結果、表3-1のようなデータが集まった。本節を読み終えた後で、皆さんもまずこのデータをExcelに入力していただきたい。1行目には、学籍番号、性別などの変数名を入力する。2行目以降に、データを以下に述べる注意にしたがって入力してほしい。ただし、変数名は8文字以内なので、“ｸﾗﾌﾞ”は半角カタカナで入力していただきたい。

(2) Excelへの入力

Excelを用いるのは、多くの統計ソフトはそれ独自の入力方式があるが、たいていは汎用性の高いExcelのデータも取り込むことができるからである。ただし、統計ソフトはすべてのExcelのファイル形式に対応していない場合があるので、Excelのファイル形式には注意してほしい。統計ソフト独自の入力方式でデータを作成するよりは、Excelでデータを作成するほうが、他のソフトでも利用でき便利である。これからは、複数の便利なソフトを使い分けることが重要である。

すなわち、Excelで統計処理することは賛成できないが、Excelにデータを保管し、他のソフトとの連携に用いるこ

学籍番号	性別	成績	勉強時間	支出	喫煙有無	飲酒日数	クラブ活動
1	0	55	2	6	0	3	野球部
2	1	70	7	3	1	1	柔道部
3	0	60	1	6	1	5	柔道部
4	1	90	10	2	0	0	野球部
5	0	85	6	5	0	1	柔道部
6	1	80	2	4	0	2	野球部
7	0	75	5	4	1	4	野球部
8	0	60	3	2	1	1	その他
9	0	40	3	10	1	6	野球部
10	1	85	3	3	0	1	英会話
11	0	90	7	3	0	0	英会話
12	0	90	7	3	1	0	野球部
13	1	65	4	6	1	2	柔道部
14	1	65	5	5	0	3	野球部
15	1	60	5	2	0	1	野球部
16	1	95	7	3	0	0	その他
17	0	55	3	7	1	5	野球部
18	0	60	2	5	1	4	英会話
19	0	75	9	5	0	1	その他
20	1	100	9	2	0	0	英会話
21	1	70	6	3	0	2	野球部
22	0	100	12	4	0	1	その他
23	0	70	3	3	1	3	英会話
24	0	75	5	2	1	1	その他
25	1	85	6	3	1	0	英会話
26	1	70	4	4	0	1	野球部
27	0	80	6	3	1	2	英会話
28	0	60	3	6	0	2	野球部
29	1	50	3	7	1	3	野球部
30	1	70	4	5	1	1	その他
31	0	80	10	4	0	3	野球部
32	1	75	7	4	0	1	野球部
33	1	65	3	5	1	4	野球部
34	0	75	3	5	1	1	柔道部
35	0	60	1	8	1	7	野球部
36	1	85	8	3	0	0	その他
37	0	85	5	4	0	1	その他
38	0	40	2	5	1	4	野球部
39	1	75	5	3	0	2	柔道部
40	0	65	3	3	1	2	柔道部

表3-1　調査データ

とを勧めたい。また、有用なデータは、Excelファイルでインターネット上で公開するとよいだろう。本書で用いたデータは、添付CD-ROMのDATAというフォルダにgakusei9.xlsとgakusei9.staというファイル名で収録している。だから、入力が嫌な人は、これらを利用すればよい。

1行目には、変数名を入力する。最近では、インターネットでExcel形式のデータが公開されている。それ自身で内容が理解できるように、変数の説明や単位やコードなどが複数行にわたって記載されているものもある。そのようなデータを、STATISTICAやSPSSなどの統計ソフトで用いるためには、変数名に重複のないように1行目にできれば半角8文字（全角4文字）以内でまとめてほしい。9文字以上ある変数名を入力した場合、9文字以降を省略する統計ソフトも多い。

A列には、学籍番号として1から40までを入力する。統計ソフトは、このような連番を自動的につけてくれるので、本当は必要でない。ただ、名前や学籍番号のような個別データを識別する変数値は、1列目に入力する習慣をつけてほしい。

クラブ活動は、野球部（Yakyu）、柔道部（Judo）、英会話（Eigo）、その他（Other）を直接漢字で入力するのではなく、Y、J、E、Oなどのコードでいったん入力し、Excelの［編集］−［置換］で置き換えることを試みてほしい。いちいち漢字で入力するのに比べて入力時間は短くてすむはずだ。Y、J、E、OなどのコードのままSTATISTICAに入力した後、置き換えることもできる。

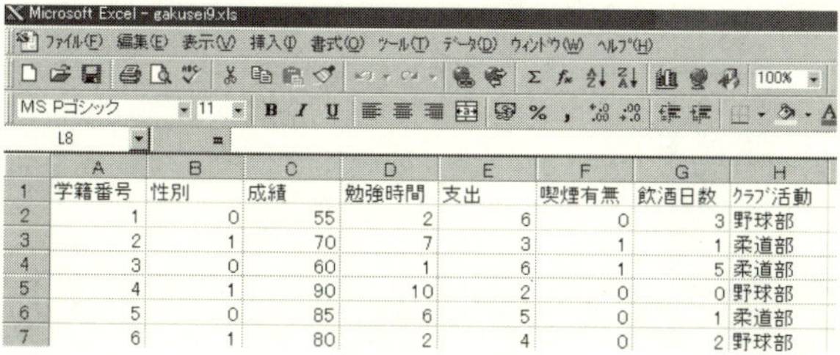

	A	B	C	D	E	F	G	H
1	学籍番号	性別	成績	勉強時間	支出	喫煙有無	飲酒日数	クラブ活動
2	1	0	55	2	6	0	3	野球部
3	2	1	70	7	3	1	1	柔道部
4	3	0	60	1	6	1	5	柔道部
5	4	1	90	10	2	0	0	野球部
6	5	0	85	6	5	0	1	柔道部
7	6	1	80	2	4	0	2	野球部

図3-1 Excelへの入力

40人の学生の入力データは、2行目から41行目に入力する。各変数名は、1行目のA1からH1に入力する。汎用統計ソフトでは、分析対象の構成単位であるケース（対象、オブザーベーションともいう）は行方向に、変数は列方向と決まっている。そして、41行8列の矩形のセルに変数名とデータを入力する。

矩形の枠外のセルに、何か間違って入力されていれば、統計ソフトでは入力エラーになるので注意してほしい。［ファイル］－［印刷プレビュー］を使い、余分なものが入っていないかチェックしてほしい。

注．行と列が逆になっているデータは、Excelで次のようにして行と列を入れ替えることができる。行と列を入れ替えるセル範囲を選択し、［コピー］をクリックする。そして、貼り付け領域の左上隅のセルをクリックする。次に、［編集］メニューの［形式を選択して貼り付け］をクリックし、［行列を入れ替える］チェック・ボックスをオンにして貼り付ければよい。

(3) 入力チェックとファイル名を付けて保存

自分で作成したデータは、必ず早い段階で入力ミスがないかを検討すべきである。入力が終われば、印刷し、入力ミスがないか確認する習慣を身につけることが重要だ。統計解析が順調に進んでから気づいて、分析をやり直すという失敗は避けてほしい。

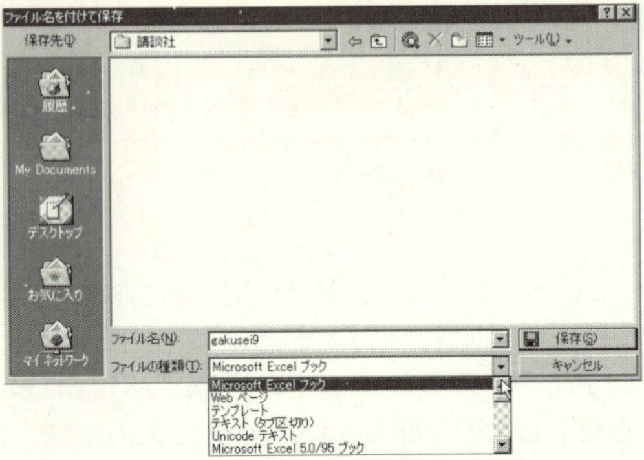

図3-2　ファイル名を付けて保存

他人が作成したデータを利用する場合は、平均などの統計量が表示されていれば、STATISTICAで基本統計量を計算し比較してみればよい。

実は、筆者も何度も痛い目にあっている。

入力チェックが終われば、［ファイル］-［ファイル名を付けて保存］を選ぶと、図3-2の［ファイル名を付けて保存］ウインドウが現れる。ファイル名を“gakusei9”と英数字8文字以内で入力して［保存］する。ファイル名には、日本語や特殊文字（ブランクを含む）を用いないようにしよう。

保管し終わったら、Excelを終了する。終了しないとこのファイルはExcelが占有しているので、STATISTICAで利用できない。［保存先］は、図3-2では“講談社”になっているが、各自で決めてほしい。一般には、STATISTICAの［Examples］フォルダを選べばよいだろう。

注. OSとの相性で、入力トラブルが発生した場合は、［ファイルの種類］の“▼”ボタンをクリックして、最新の［Microsoft Excelブック］でなく

［Microsoft Excel97および5.0/95ブック］などの古い形式を選んでみよう。STATISTICAに限らず統計ソフトは、すぐにExcelの新しいファイル形式に対応しているわけではないので、トラブルが起きることがある。この場合は、古いファイル形式に戻ればよい。多くの独立系ソフト企業は、このようにしてマイクロソフトの小刻みなバージョンアップに振り回されるわけである。

3・2 STATISTICAへの入力

ここでは、ExcelファイルをSTATISTICAへ入力する方法を紹介する。初心者が一番つまずきやすいところである。ここさえ乗りきれば、操作上のトラブルは少ないだろう。

(1) BLUE BACKS版の制約

それでは、STATISTICAへExcelデータをインポートしてみよう。まず、7頁にある「添付CD-ROMソフトのインストールと利用法」にしたがって、STATISTICAをインストールしてほしい。このソフトは、商用のSTATISTICAに対して、次のような制限が加えられている。

・扱えるデータは、150ケース＊50変数までである。これより大きなExcelデータは、Excelで150ケース＊50変数までのファイルに作り直してほしい。

・多変量解析の手法などが使えない。

などである。しかし、本書を読めば、十二分に使い勝手があることが分かってもらえる。筆者は、平成13年までは大学で商用統計ソフトのSASとこのBLUE BACKS版STATISTICAをインストールして教育しているが、最近ではBLUE BACKS版のSTATISTICAの利用のほうが多い。

注. 大学や企業で商用版をインストールし、個人は自宅でこのBLUE BACKS版を利用する形態が望ましい。ただし、導入予算がすぐにつかない場合は、利用するパソコンの台数分だけ本書を準備すれば大学での使用権が発生する。

(2) STATISTICAの初期画面

STATISTICAを立ち上げると、図3-3のSTATISTICAの初期画面が現れる。

データは、STATISTICAのExamplesフォルダに含まれているサンプルデータの1つである［adstudy.sta 25V*50C］というペプシとコーラの広告効果に関するアンケートデータである。初めてこのソフトを使う場合、必ずこのファイルが立ち上がる。2回目以降からは、読者が最後に利用したファイルが立ち上がることになる。

データが身近にない人は、本書を読み終わった後、Examplesフォルダにあるこれらのデータで練習してみればよい。

STATISTICAのデータの拡張子は、“*.sta”である。Excelファイルの拡張子は、“*.xls”などであり、Wordは“*.doc”である。

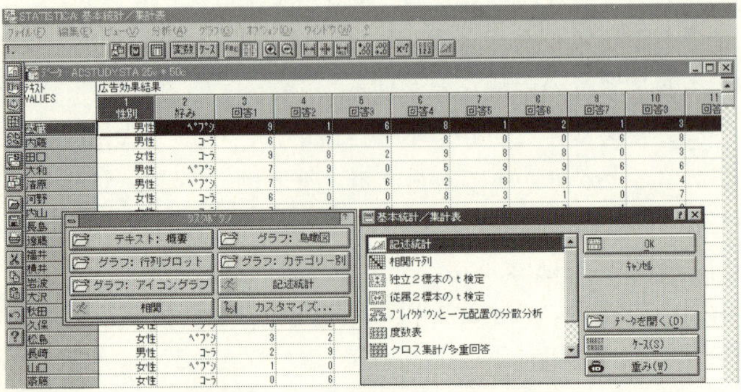

図3-3 STATISTICAの初期画面

ファイル名adstudy.staの右横の“25V＊50C”は、25変数（Variables）で50ケース（Case）、すなわち50人を対象にした25項目のアンケートデータであることを表す。

［基本統計／集計表］ウインドウに表示された統計手法が、このBLUE BACKS版で利用できる。あるいは、コマンド・メニューの［分析］-［初期画面］でも指定できる。

本書では、STATISTICA BLUE BACKS版で使用できる統計手法を以下のように解説する。

・記述統計……第5章で説明する。
・相関行列……第6章で説明する。
・独立2標本のt検定……第5章と第7章で説明する。
・従属2標本のt検定……第5章と第7章で説明する。
・ブレイクダウンと一元配置の分散分析……第7章で説明する。
・度数表……第5章で説明する。
・クロス集計表／多重回答……第7章と第8章で説明する。
・確率計算……第5章から第8章で説明する。
・その他の検定……第5章から第8章で説明する。

唯一残念なのは、重回帰分析が含まれていないことである。しかしこれまでの大学の統計教育で、BLUE BACKS版に含まれている統計手法をどれだけ使いこなせるように教えているかは疑問である。このソフトを使いこなすだけでも、十分実用に役立つと考える。

［基本統計／集計表］ウインドウの［データを開く］をクリックすると、STATISTICAの標準ファイル（“＊.sta”形式のもの）が入力できる。あるいはコマンド・メニューから［ファイル］-［データを開く］で選んでもよい。

(3) Excel形式のファイルの入力（インポート）

Excel形式のファイルは、図3-4のように［ファイル］-［インポート］-［クイック］を選ぶ。これ以降では、操作法に関してはこのような表記を用いることにする。また、STATISTICAの用語もブラケット（[ ]）で囲むことにする。

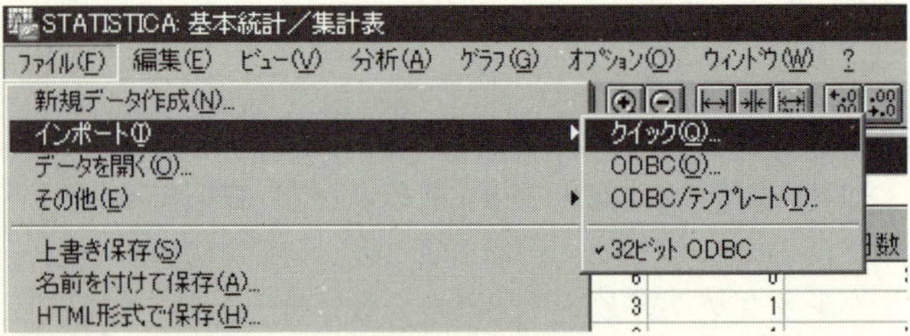

図3-4　Excel形式のファイルの入力

これによって、図3-5の［読込みファイルの指定］のウインドウが現れる。

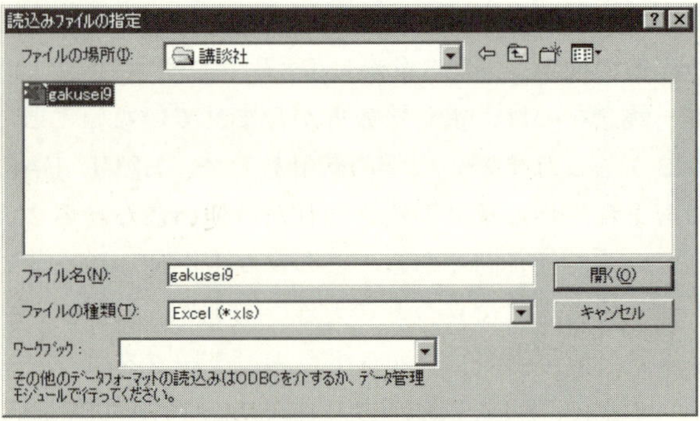

図3-5　［読込みファイルの指定］ウインドウ

ここでExcelファイルを保管したフォルダを［ファイルの場所］で選択し、表示されたファイル名（読者が保管したファイルgakusei9.xls）をダブルクリックすると、図3-6の［Excelのクイック読込ーオプション］ウインドウが現れる。［範囲］枠で、列が8列まで、行が41行あることを確認してほしい。

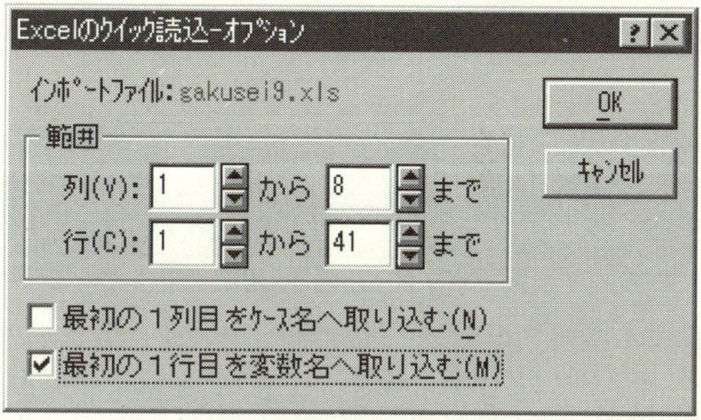

図3-6 ［Excelのクイック読込ーオプション］ウインドウ

もしこの値が違っておれば、Excelのデータが正しく作られていないことが考えられる。すなわち、Excelの範囲外のセルにデータがあるような場合である。また、図3-6のウインドウが現れないトラブルが起きたときは、図3-5の［ファイルの種類］の指定が間違っていたり、ファイル名の不正と思われる。図3-2でもう一度ファイル名やファイルの種類を確認してみよう。

そして、一番下の［最初の1行目を変数名へ取り込む］をチェックし、［OK］をクリックする。これによって、図3-1の1行目が変数名として取り込まれる。この注意を学生はよく見落とし、パニックになるものもたまにいる。

この後、図3-7の［インポートファイル名を付けて保存］ウインドウが現れる。

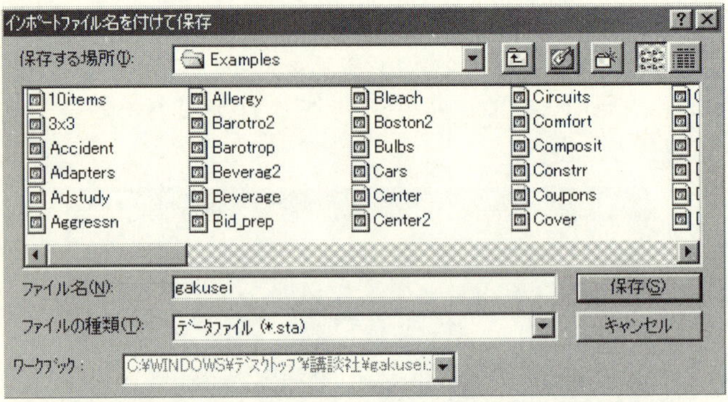

図3-7　［インポートファイル名を付けて保存］ウインドウ

［保存する場所］を正しく選んで、［ファイル名］を入力し［保存］する。ここで表示されているExamplesフォルダは、CドライブのSTEDUのフォルダの下にあり、すでに多数のサンプルデータが保存されている。ファイルの入出力（読み込みと保管）は、似たようなウインドウなので、今後詳しい説明を省略する。

この後、図3-8の［ワークブックの情報を保存］ウインドウが現れる。分析途中の種々の情報を保管できるが、ここでは［保存しない］を選んだほうがよい。

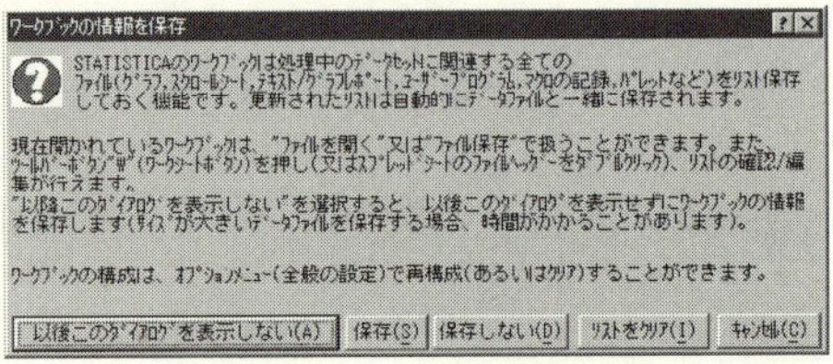

図3-8　［ワークブックの情報を保存］ウインドウ

注. Excelファイルから入力できない読者は、3·4で紹介する［ファイル］－［データを開く］で、すでに作成してあるgakusei9.staを入力してほしい。このファイルは、これ以降に作成した新しい変数を含んでいる。

(4) 成功

ついに図3-9のように分析に用いるデータが表示できる。ここまでが一番トラブルが生じる難所であった。この後は、操作上あまり問題は起こらないであろう。前著の『パソコン楽々統計学』に関するトラブルの問い合わせも、ここまでの部分のものが多かった。操作法に不慣れな人は、身近のパソコンに詳しい人に相談して解決してほしい。

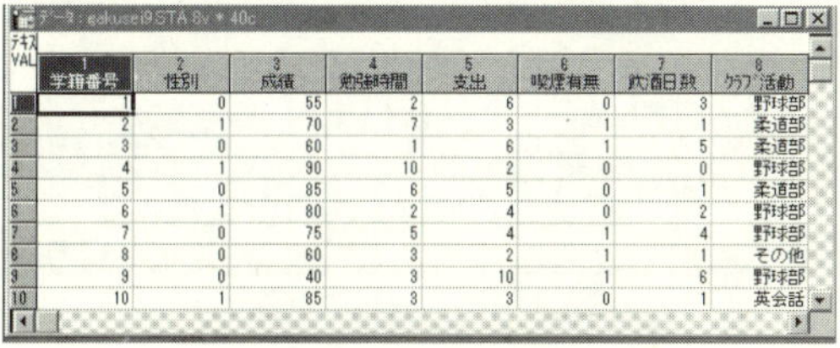

	1 学籍番号	2 性別	3 成績	4 勉強時間	5 支出	6 喫煙有無	7 飲酒日数	8 クラブ活動
1	1	0	55	2	6	0	3	野球部
2	2	1	70	7	3	1	1	柔道部
3	3	0	60	1	6	1	5	柔道部
4	4	1	90	10	2	0	0	野球部
5	5	0	85	6	5	0	1	柔道部
6	6	1	80	2	4	0	2	野球部
7	7	0	75	5	4	1	4	野球部
8	8	0	60	3	2	1	1	その他
9	9	0	40	3	10	1	6	野球部
10	10	1	85	3	3	0	1	英会話

図3-9 分析に用いるデータ

(5) 変数の加工

“学籍番号”という変数名をクリックした後、図3-10のようにツールバーの［変数］ボタンをクリックして、［削除］を選ぶと、図3-11の［変数の削除］ウインドウが現れる。削除する変数を確認し、［OK］をクリックして学籍番号の列を削除してほしい。

図3-9で、例えば［性別］をクリックし黒く反転させ、［追加］を選ぶと、［性別］の後ろに変数の列が追加できる。また、［カテゴリー化］もよく利用する。すなわち、変数に関する編集加工が図3-10のメニューで行える。追加した場

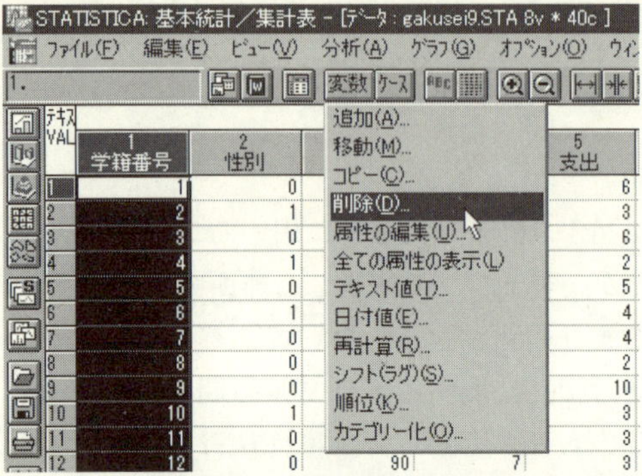

図3-10 [変数] ボタン

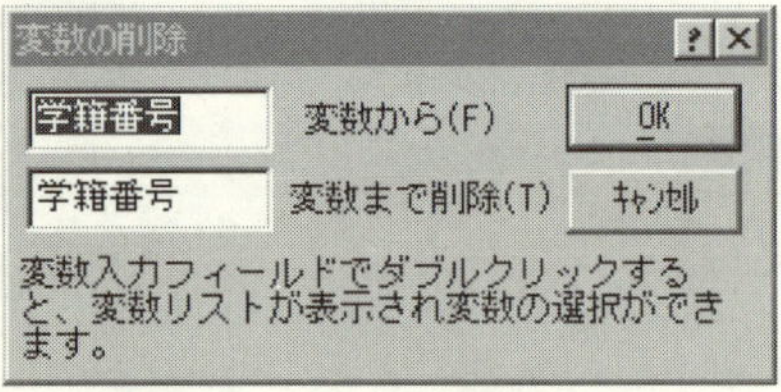

図3-11 変数の削除

合は、この変数も削除しておこう。

(6) 変数の属性の確認

図3-9で“性別”をダブルクリックすると、図3-12の[変数1] ウインドウが現れる。ここで変数の属性を修正できる。[変数名] テキストボックスで、変数名を変更できる。[フォーマット] 欄で、8文字の表示幅で小数桁が0すなわち整数値として入力されていることが分かる。[▲] をクリックし小数桁を指定すると、実数の指定ができる。

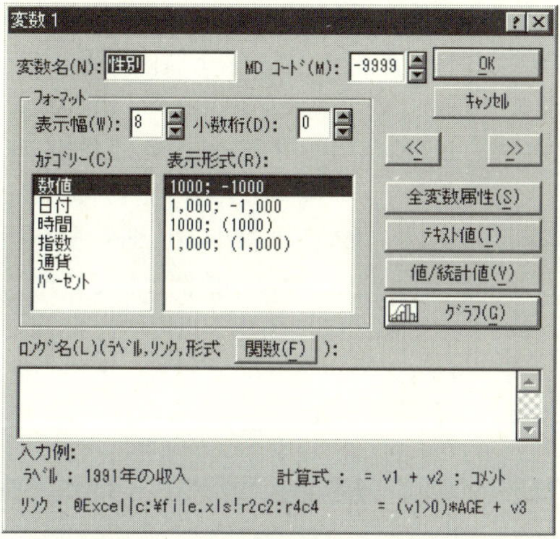

図3-12 [変数の属性] ウインドウ

右横の［テキスト値］ボタンをクリックすると、図3-13の［テキスト値］ウインドウが現れる。

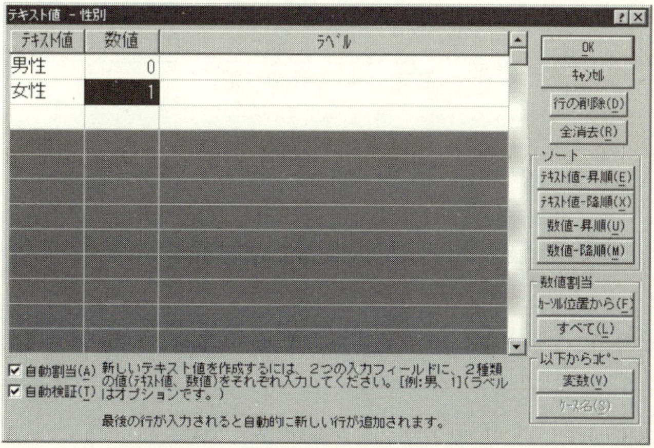

図3-13 [テキスト値] ウインドウ

文字を入力したい部分にカーソルを動かしクリックする。ここで、例えば図のように［テキスト値］の下のセルに“男性”そして［数値］の下のセルに［直接入力］に切り替えて“0”を入力し、次の2行目に“女性”と数値“1”を入力して［OK］をクリックすると、図3-14のように性別の0/1の表示が“男性／女性”に代わる。あくまで表示だけであり、コンピュータ内部では、数値として処理される。

図3-13のラベル欄には、40文字以内の注釈を入れることができる。例えば、「男子学生は22人」というようなコメントを入れることができる。

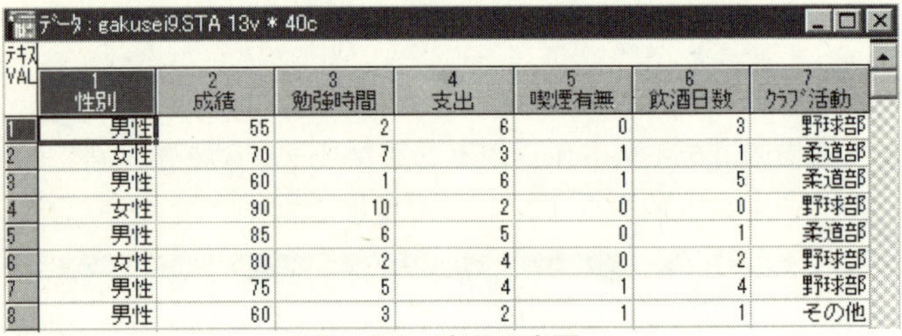

	1 性別	2 成績	3 勉強時間	4 支出	5 喫煙有無	6 飲酒日数	7 ｸﾗﾌﾞ活動
1	男性	55	2	6	0	3	野球部
2	女性	70	7	3	1	1	柔道部
3	男性	60	1	6	1	5	柔道部
4	女性	90	10	2	0	0	野球部
5	男性	85	6	5	0	1	柔道部
6	女性	80	2	4	0	2	野球部
7	男性	75	5	4	1	4	野球部
8	男性	60	3	2	1	1	その他

図3-14　表示の変更

次に、図3-14で変数名の“クラブ活動”をクリックして、図3-12で［テキスト値］をクリックすると図3-15の［テキスト値］ウインドウが表示される。野球部、柔道部、その他、英会話などのExcelからの文字入力値に対して、STATISTICAは自動的に100から103までの整数値を割り振っている。すなわち、質的データには100からの整数値が自動的に与えられる。

以上から、質的変数の場合、数値で入力しようが文字で入力しようが、STATISTICA内部では数値で処理される。

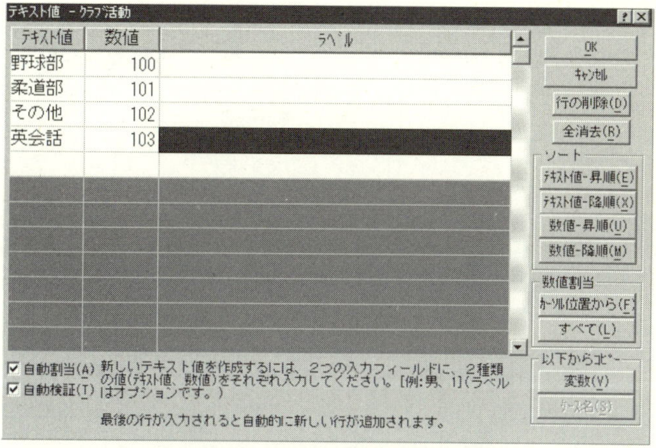

図3-15　クラブ活動のテキスト値

3·3 その他のデータの入力方法

その他のデータの入力方法として、“直接入力”とExcelデータを“コピー&貼り付け”する方法を紹介する。ただし、ここでは本で確認するだけにしよう。STATISTICAは、一度に処理可能なデータを1つしかもてず、せっかく作った現在のデータファイルを新しいものに切り替える必要がある。そのため、操作法を誤ると、分析中のデータを失うことがあるから注意を要する。操作法に自信がある人は、自己責任で試みてもよいだろう。

STATISTICAのメニューから［ファイル］-［新規データの作成］を選ぶと、図3-16の［新規データファイル名の定義］ウインドウが現れる。

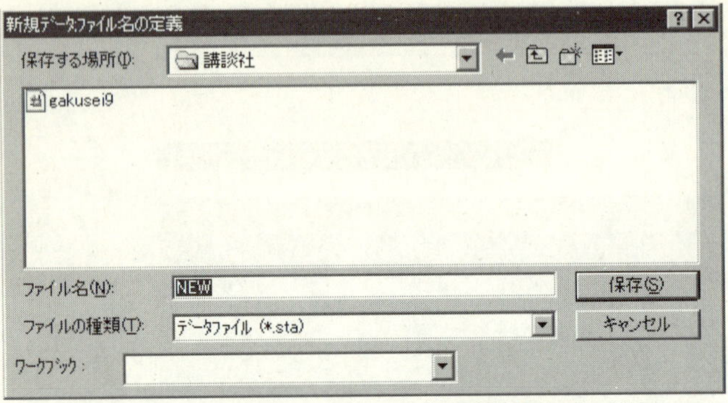

図3-16　[新規データファイル名の定義] ウインドウ

ここでデフォルトのファイル名の“NEW”のまま［保存］をクリックすると、図3-17の10行*10列のデータシートが現れる。

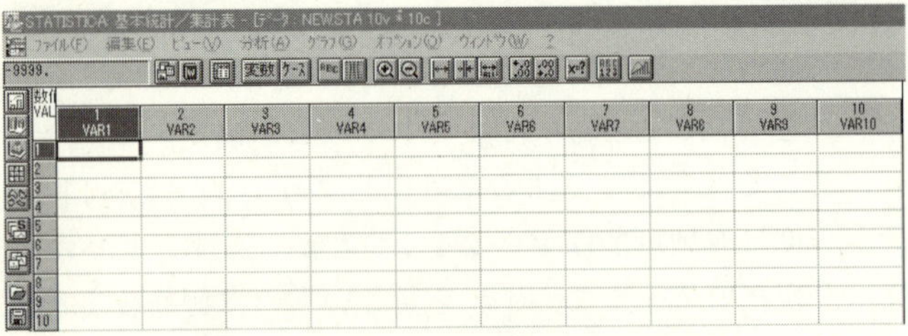

図3-17　10行＊10列のデータシート

このままでは、アンケートデータを取り扱えないので、［ケース］を追加する必要がある。まず、ツールバーの［変数］の右横にある［ケース］－［追加］を選ぶと、図3-18の［ケースの追加］ウインドウが現れる。

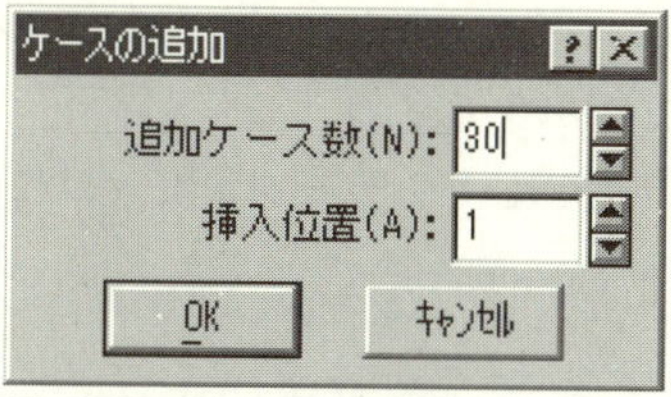

図3-18 ［ケースの追加］ウインドウ

図3-18の［追加ケース数］のテキストボックスを30に変更し［OK］をクリックすると、10行*10列のデータシートが、40行*10列に拡張される。図3-17の［VAR1］をダブルクリックし、図3-12の［変数1］の属性ウインドウで、変数名を“性別”に変更し［OK］をクリックする。この後、1列目に性別のデータをExcelと同じように入力する。終われば、2列目の変数名を“成績”に変更し、成績データを入力する。7列目に“クラブ活動”のデータを入力した後、［VAR8］をクリックしたまま［VAR10］までの変数名をなぞり黒く反転させる。その後、ツールバーの［変数］-［削除］を選ぶと、余分な3列が削除される。Excelと異なり、不要な行と列を削除しないと、それらは欠測値として扱われる。

このようにして、STATISTICAに直接データを入力できる。

(2) コピー&貼り付け

前と同じように、10行*10列のデータシートを40行*7列以上に拡張する。

そして、図3-1のExcelのA2セルをクリックしH41セルまでドラッグして、データ部分を選択し黒く反転させる。Excelのメニューから［編集］-［コピー］を選んで、図3-17のメニューから［編集］-［貼り付け］を選ぶと、データがコピーされる。不要な行と列は削除し、VAR1などで表される変数名を変更する。

逆に、STATISTICAのデータをExcelにコピーすることもできる。

3・4 データの入力

以上でデータの入力方法について説明した。このデータを［ファイル］-［名前を付けて保存］でもって［Examples］フォルダに登録する。このSTATISTICAファイルは、この後は［ファイル］-［データを開く］でもって入力できる。

STATISTICAは、一度に1つのデータファイルしか扱えない。使用中のデータファイルを他のファイルに変更したい場合、［ファイル］-［データを開く］でもって新しいデータファイルを入力し切り替えることになる。

第4章

データを眺める

4・1 アイコンプロット

入力したデータは、100件前後のケース数であれば、アイコンプロットを使って個々のデータの特徴を眺めてみよう。個々のデータに何か特徴が発見できるかもしれない。その後で、箱ヒゲ図ですべての量的変数を比較して、データの全体像をとらえておくことにしよう。ケース数が多い場合、アイコンプロットで個々のデータの特徴を比べるのは難しくなる。

(1) アイコンとは

アイコンとは、絵文字のことだ。ウィンドウズでは、パソコンに与える命令（コマンド）は、ツールバーのように絵で表されている。最近では、携帯電話や家電製品にも絵文字が多く用いられている。

ここでいうアイコンプロットは、チャーノフの顔プロットや、スターグラフ（星型プロット）などで、データを表示する方法である。

チャーノフの顔プロットが日本に紹介されたとき、企業の健全度を表すのによく用いられた。売り上げを顔の幅に、利益があれば目を大きく、というようにうまく変数を顔の特徴に対応させれば、健全な会社は朗らかな顔に、不健全な会社は泣き顔で表される。これによって、多くの変数のもつ情報を、人間のパターン認識を利用して直感的に理解しようという意図がある。

すなわち、データ解析の出発点として、アイコンプロットで、データの特徴を概観しようというわけだ。

(2) 指定方法

図4-1で［グラフ］−［アイコンプロット］を選ぶと、図4-2の［アイコンプロット］ウインドウが現れる。

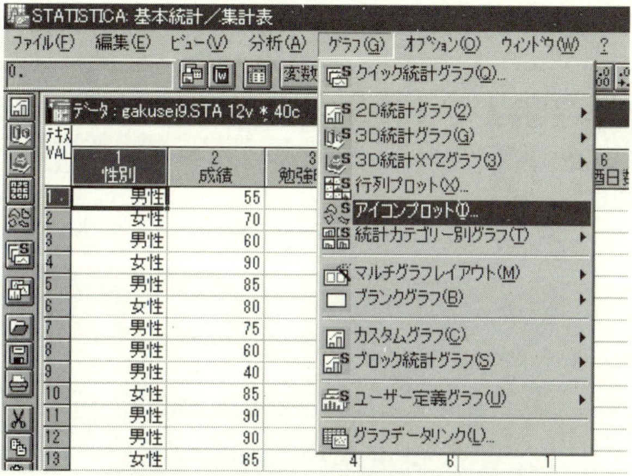

図4-1　[グラフ]−[アイコンプロット]

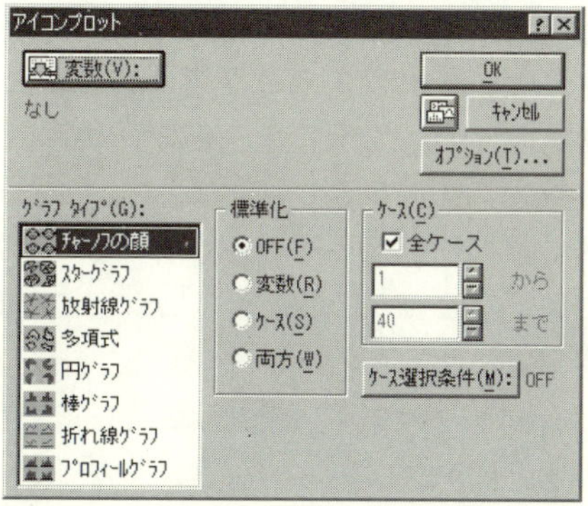

図4-2　[アイコンプロット] ウインドウ

このウインドウは、アイコンプロットの手法の詳細を指定する機能をもっている。最初にすることは、解析に用いる変数を指定することだ。
［変数］ボタンをクリックすると、図4-3の［アイコンプロットの変数を指定］ウインドウが現れる。

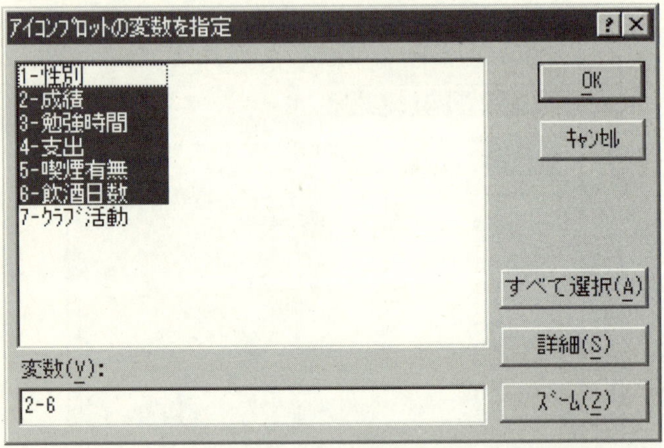

図4-3 ［アイコンプロットの変数を指定］ウインドウ

ここで、すべての変数を用いる場合は、［すべて選択］をクリックすると、すべての変数が選ばれ反転表示される。選択的に選ぶ場合は、［Ctrl］キーを片手の指で押しながらマウスで変数をクリックしていけばよい。ここでは、いったん［すべて選択］を押したうえ、性別とクラブ活動をクリックして図4-3のように指定からはずしてみよう。

変数の指定方法は、このほかにもある。

ここでは、図4-3のように5個の変数を選択したうえで［OK］を押すと図4-2に戻る。右下にある［ケース選択条件］をクリックすると、図4-4の［マルチサブセットの指定］ウインドウが現れる。

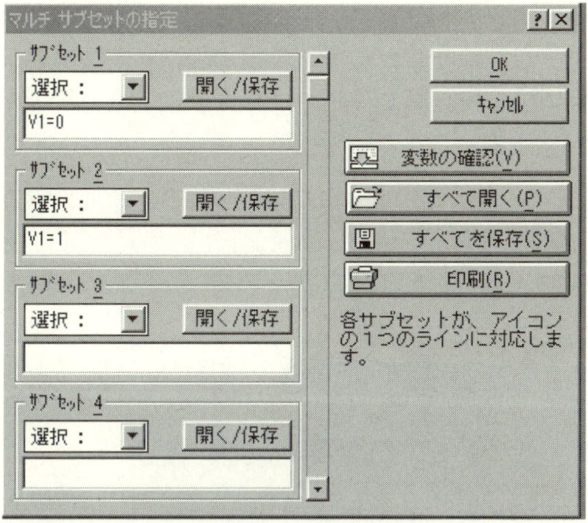

図4-4 ［マルチサブセットの指定］ウインドウ

マルチサブセットは、全体を幾つかの部分に分けることであり、データの層別と同じである。

例えば、データ全体で分析した後、男性と女性のデータに分けて分析すれば、男女の違いが明らかになる。この場合、データを変数の性別で層別するため、男女の2つのマルチサブセット（サブセット、あるいはグループのこと）を作ればよい。

ここで、1番目の変数“性別”を表すV1（Vは変数Variableの意味、表2-1参照）を用いて、サブセット1のテキスト欄に図4-4のように“V1＝0”のような論理式を入れる。これは、V1の値が0の“男性”をサブセット1とすることを表す。サブセット2は、V1の値が1で“女性”を表す。

このようなマルチサブセットを指定するのは、アイコンプロットで表される学生の性別を表すため、顔を異なった枠組みで囲みたいからである。そして、同じ囲みの学生が、似たような顔の特徴があるかを確かめたい。もし似ていれば、性別による分類が学生の成績全般に大きな影響があることが分かる。

注．サブセット1の下にある［選択：］の横の▼をクリックして表示される［除外］を選ぶと、この条件に該当するデータを分析から除外することができる。

図4-4で［OK］をクリックすると、図4-5のように［STATISTICA］から問い合わせのウインドウが現れる。今指定した条件を後で利用しない場合は、［いいえ］をクリックする。

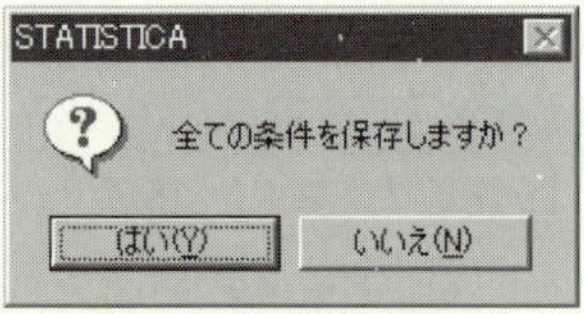

図4-5　条件の保存

利用する場合は［はい］をクリックすると、図4-6の［カテゴリー別度数のファイル保存］ウインドウが現れる。

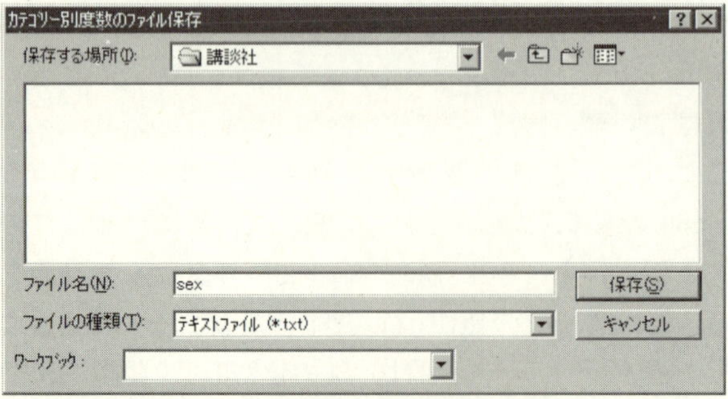

図4-6　［カテゴリー別度数のファイル保存］ウインドウ

ここでは、データファイルの保存と同じく、ファイル名をデフォルトの“sel”から“sex”に変更して［保存］をクリックする。ファイル名はなんでもよいのだが、どのような条件が保管されているか一目で分かるものが望ましい。このように設定条件を保存しておけば、図4-4のウインドウで行った指定を次回から行わずに済む。

(3) チャーノフの顔プロット図

図4-4で［OK］をクリックすると、図4-2の画面に戻る。ここで［OK］をクリックすると、図4-7のチャーノフの顔プロット図が表示される。

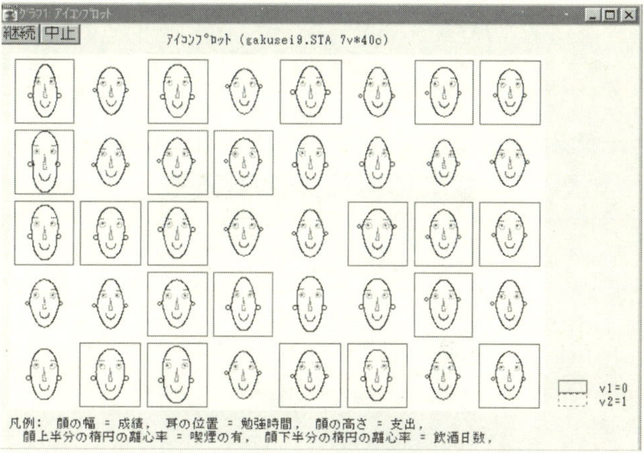

図4-7 チャーノフの顔プロット図

凡例を見れば分かる通り、成績が顔の幅に、勉強時間が耳の位置に、それぞれ対応している。

日本に紹介されて、一時は企業の財務データを用いて、「優良企業は朗らかな顔、すなわち売り上げを顔の幅に対応させて大きく、利益を目に対応させて大きく見開き」というように工夫して描かれた。すなわち、今回のようなデフォルト（あらかじめ決まっている）指定ではほとんど意味をなさない。

前でマルチサブセットを指定したが、これによって性別の違いが顔プロットの枠組みに反映されている。例えば、左上の学生は実線で囲まれているので、男性である。マルチサブセットを指定しないと、この枠組みは現れない。

さて、図4-2の［アイコンプロット］ウインドウのどこを探しても、この変数と顔の対応を変更する機能が見当たらない。いったいどうしたらよいだろうか？

図4-7の絵のどこかで右ボタンをクリックすると、図4-8のメニューが現れる。すなわち右クリックすることで、選んだ対象（オブジェクト）に対して指定できる機能のメニューが現れる。これは他のグラフでも同じである。

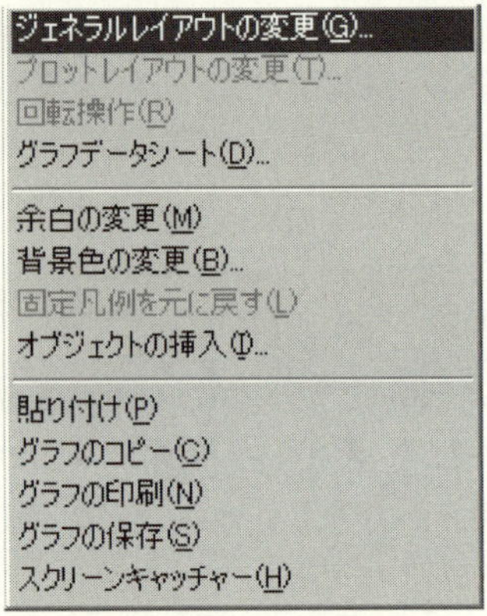

図4-8　右ボタンクリックで現れるメニュー

図4-8で「ジェネラルレイアウトの変更」を選ぶと、図4-9の「ジェネラルレイアウト/プロットレイアウト」ウインドウが現れる。

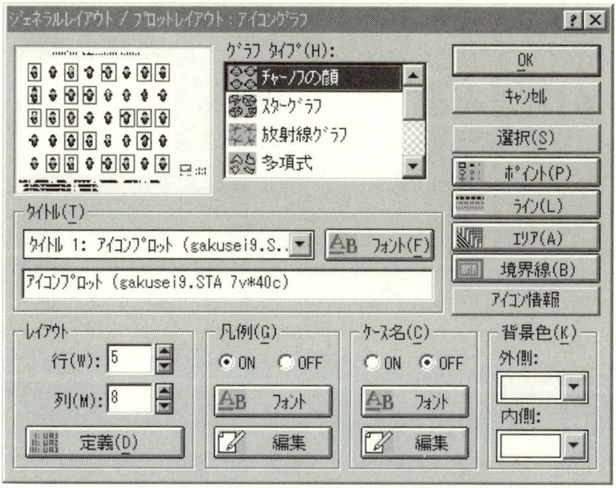

図4-9 ［ジェネラルレイアウト/プロットレイアウト］ウインドウ

図4-9で、左下の［定義］をクリックすると、図4-10の［チャーノフ顔—顔の定義］ウインドウが現れる。

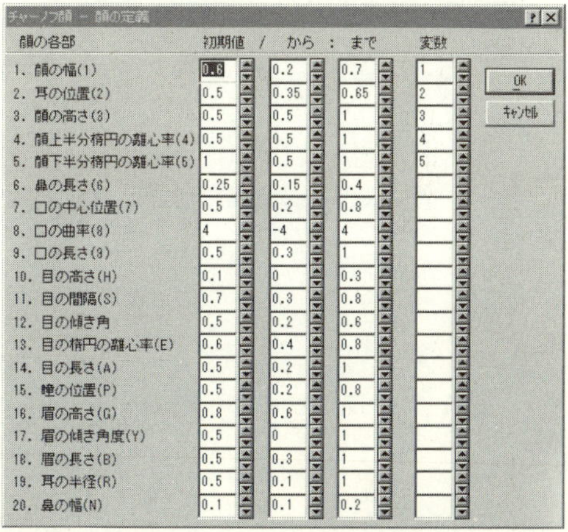

図4-10 ［チャーノフ顔—顔の定義］ウインドウ

ここで、絵心のある人は根気よく［変数］欄で変数番号の入れ替えを行えばよい。ただし、これを今行わないで、後で暇なときに行ってほしい。チャーノフの顔プロットは、遊ぶには面白いが、読者はもっと簡単な“スターグラフ”などを用いたほうがよいだろう。

また、出力されたグラフを画像データとして取り込むこともできる。図4-11のように［編集］-［スクリーンキャッチャー］を選ぶと、ポインターの形が変わる。切り取る図形の左上隅をクリックしそのまま右下隅までドラッグし指を離すと、指定された範囲がクリップボードにコピーされる。これをWordなどの貼り付けたいところに貼り付ければよい。ただし、これができるのは分析の結果出力されるグラフや表だけである。

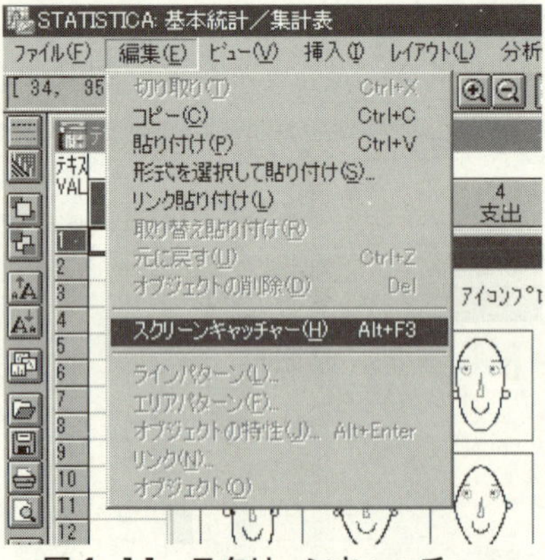

図4-11　スクリーンキャッチャー

(4) 注意点

さてグラフが表示されているとき、メニューの［ファイル］をクリックすると図4-12のようにメニューの内容がす

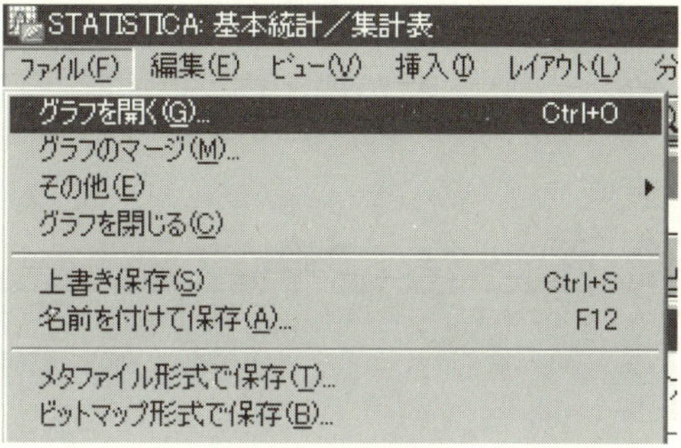

図4-12　グラフが選ばれた場合のファイルのコマンド

っかり切り替わっている。

STATISTICAで注意することは、グラフがアクティブに選択されている場合、グラフのメニューに切り替わることである。元のメニューへの切り替えは、図4-13のように［ウィンドウ］から［1データ……］を選んで、データシートを再表示（アクティブに）すればよい。

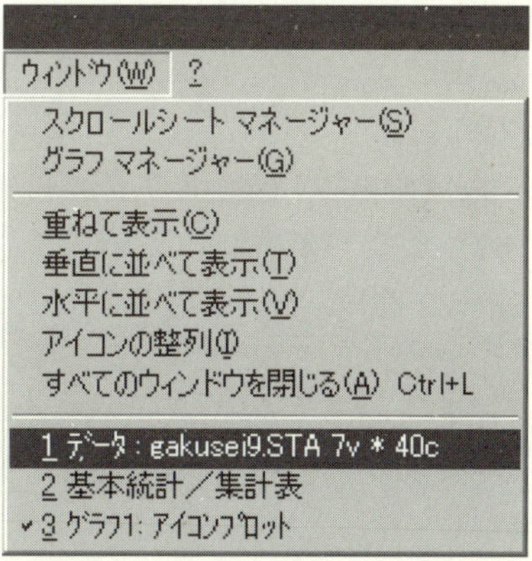

図4-13　［ウィンドウ］メニュー

また、画面上に多くのグラフなどの出力がある場合は、ここで望みのウインドウを選択し表示することも考えられる。あるいは、[垂直(水平)に並べて表示]を選べば、複数の出力結果のウインドウが垂直(水平)に並べて表示される。

4・2 面白く役立つ箱ヒゲ図

箱ヒゲ図が分かるだけで、データ解析が楽しくなる。単にパーセンタイル(パーセント点)が分かれば理解できる。中学校の社会科などで資料の整理に取り入れてもよいのではなかろうか。

以下では、データに含まれる全数値変数を比較するために、箱ヒゲ図を用いる。箱ヒゲ図で、数値変数を比較評価できる。

(1) 箱ヒゲ図って、いったいなんだ？

箱ヒゲ図は、難しい統計をグラフなどを用いて分かりやすくしようという「探索的データ解析」という主張から生まれた。これを理解し、使いこなすだけでも読者は十分成果が得られるはずだ。

図4-14は、成績の箱ヒゲ図である。40点が最小値である。そして、60点まで、線が伸びている。これをヒゲとみなしている。箱ヒゲ図は、パーセンタイルさえ分かれば容易に理解できる。この60点が25%点になっている。すなわち、60点以下に40人の学生の25%(10人)の学生がいる。p%点とは、その値以下にデータ全体のp%おり、それ以上に(100−p)%いる値のことだ。

60点から84点までが、箱である。箱の底辺が25%点で、箱の中の小さな四角は50%点である。データをちょうど2

等分しているので、中央値ともいわれる。箱の上の辺が75%点である。箱の上からヒゲが伸びていて、100点が最大値（100%点）である。

すなわち、箱ヒゲ図は、最小値、25%点、50%点、75%点、最大値を用いて描いたグラフである。25%点、50%点、75%点は、データを4等分するので四分位数といい、それぞれ第1四分位数（Q1)、第2四分位数（Q2)、第3四分位数（Q3）ともいう。

百分位数とは1%で、十分位数とは10%の刻み幅で考えた場合である。

箱ヒゲ図は、1つだけ描いたのではあまり重要な情報は得られない。しかし、データを男女に層別し2つの箱ヒゲ図を比較した場合、有用な情報が得られることがある。これを層別箱ヒゲ図という。例えば、工場などで特定製品の品質データを曜日別に分けて層別箱ヒゲ図を描けば、品質管理に用いることもできる。

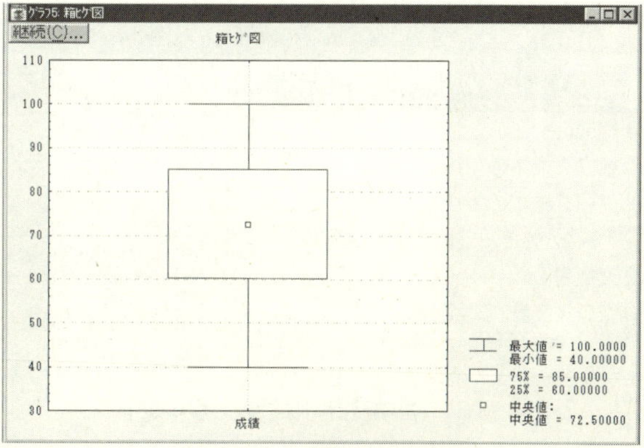

図4-14　成績の箱ヒゲ図

(2) 分析の目玉－記述統計ウインドウを紹介する

さて、図4-15のようにメニューから［分析］-［分析の継続］（あるいは［初期パネル］）をえらぶ。

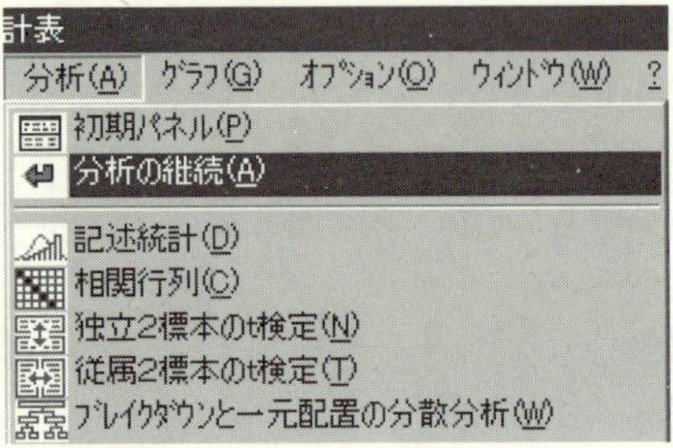

図4-15 ［分析］－［分析の継続］

あるいは、図4-14の出力ウインドウの左上隅の［継続］を選ぶ。これによって、図4-16の［基本統計／集計表］ウインドウが現れる。［基本統計／集計表］ウインドウは、読者が利用できる統計手法の一覧である。スクロールバーを下にもっていき、どんな手法が利用できるかみてみよう。

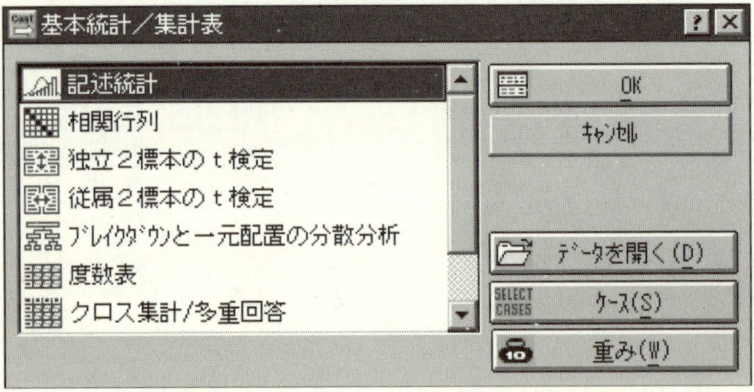

図4-16 ［基本統計／集計表］ウインドウ

このウインドウが、解析の始まりである。ここで、[記述統計]を選んで[OK]をクリックすると、図4-17の[記述統計量]ウインドウが現れる。記述統計量は、基礎統計量や基本統計量ともいわれるが、1個の数値変数に含まれる情報を提供してくれる。図4-17の[記述統計量]ウインドウで、基本統計量の手法の詳細を指定する。アイコンプロットの指定と同じく、図4-17の[記述統計量]ウインドウの[変数]ボタンをクリックし、変数を[すべて選択]し[OK]をクリックすると、再び図4-17の[記述統計量]ウインドウに戻る。

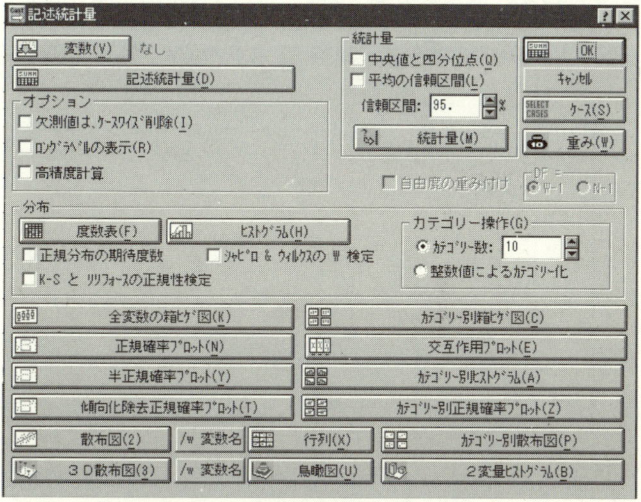

図4-17 [記述統計量] ウインドウ

(3) 全変数の箱ヒゲ図

次に、左側の中頃にある[全変数の箱ヒゲ図]をクリックすると、図4-18の[箱ヒゲ図タイプ]が現れる。

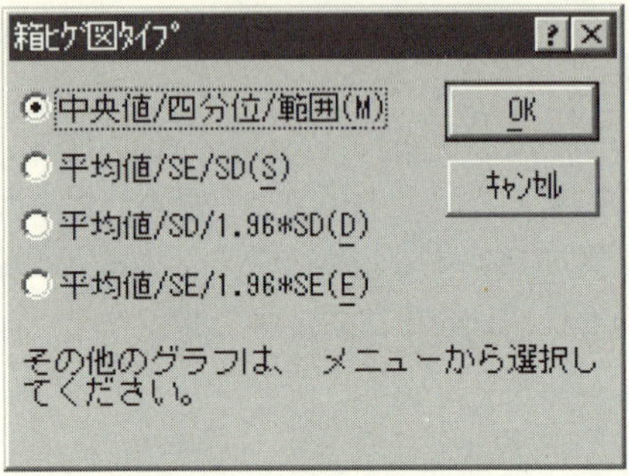

図4-18 [箱ヒゲ図タイプ]

すでにチェック済みの「中央値/四分位/範囲」のまま［OK］をクリックすると、図4-19の箱ヒゲ図が現れる。

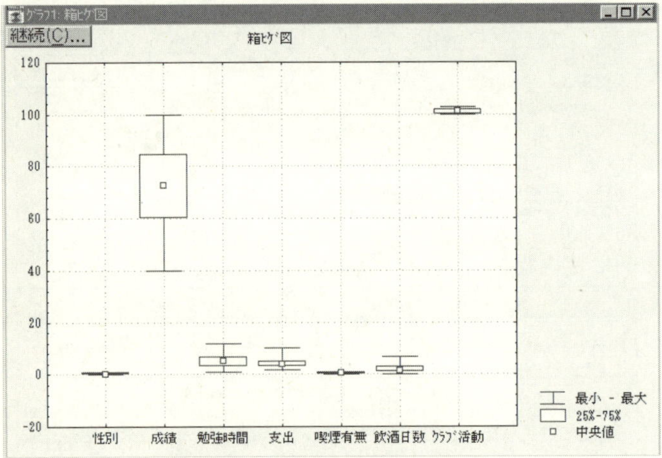

図4-19 全変数の箱ヒゲ図

図4-19に7個の変数の箱ヒゲ図が描かれている。成績の最大値は100点と他の変数よりも値が大きい。そしてクラブ活動は質的変数であるがSTATISTICAの内部では100

から103までの整数値で表されているため図のように表示される。一方、性別と喫煙有無も質的変数であり、本当は箱ヒゲ図で表すのに適していない。

(4) 再表示してみよう

そこで変数の指定から、値の大きな成績とクラブ活動の2変数を省いて（変数リストで、すべての変数が選ばれ、ブルーになっていれば、Ctrlキーを押したまま成績とクラブ活動の変数をクリックすると、変数リストから省かれる)、もう一度箱ヒゲ図を描くと図4-20が得られる。

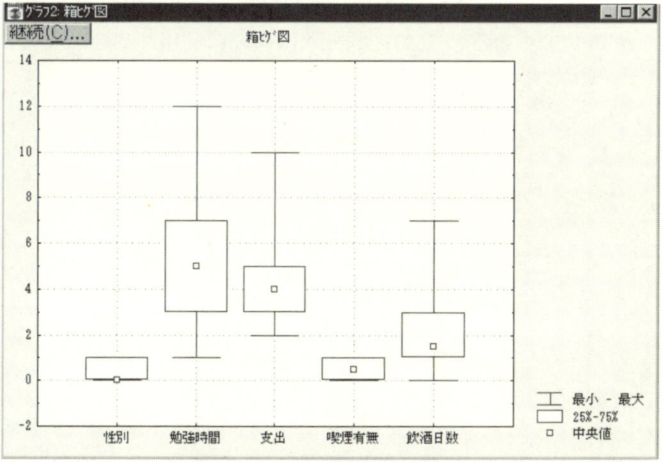

図4-20　5変数の箱ヒゲ図

この箱ヒゲ図を使うと、分析対象の変数の概要が分かる。例えば、勉強時間は1時間から12時間の範囲であり、中央値は5時間であることが分かる。箱に対応する3時間から7時間勉強している学生は50%（20人）で、それ以上に勤勉な学生の10人は7時間以上12時間まで勉強していることが分かる。

支出は、3万円から5万円の2万円幅に真中の20人の学生が、5万円以上10万円までに上位10人いることが分かる。

飲酒日数は、0から7までである。1週間7日しかないので、8以上の値があれば入力ミスと考えられる。

性別や喫煙有無は、0と1の値しかとらない。性別の中央値が0ということは、男性（0の値）が半数以上いることを表す。喫煙有無の中央値が0.5なので、ほぼ同数であるのだろう。

このように、箱ヒゲ図を用いれば、変数全体の説明が分かりやすくなるので、レポートに大いに利用すべきである。

注．質的変数であっても、0/1の2値で表すことができる場合をダミー変数といい、あたかも数値変数のように扱うことができる。

第5章

1変数を調べ尽くす

5・1　1個の質的変数と量的変数をどう分析するか

1個の量的変数のもつ情報は、統計では基本統計量で表される。まず、ヒストグラムで、データが正規分布か否かを判定し、用いる統計量を使い分ける必要がある。

質的変数の場合は、度数表を用いてカテゴリーごとの度数や比率を分析すればよい。棒グラフや円グラフは、度数を分かりやすくアピールするのに用いられる。

(1)　質的変数の場合

1個の質的変数の分析は、図5-1のSTATISTICAの［度数表］を使い各カテゴリーのケース数（度数）や比率を調べることである。これを単純集計ともいう。そして棒グラフや円グラフにすることで、各カテゴリーの度数や比率がより分かりやすくなる。

(2)　量的変数の場合

1個の量的変数のもつ情報は、図5-1のSTATISTICAの［記述統計］によって出力される基本統計量（記述統計量、基礎統計量、要約統計量ともいう）と呼ぶ客観的な指標で理解できる。これをマスターすれば、多くのデータの中から有効な情報を誰もが客観的に読み解くことができる。

しかし、従来の統計の教育法は、計算式や確率分布の紹介を中心にしていたため、労多くして益が少なかった。あるいは敷居が高く、実際に利用する段階まで達していない人が多かった。大学で統計学を勉強しながら、社会に出て役立てたという人がほとんどいないのが現実である。

統計量を正しく理解し利用するのは、それほど難しいことではない。ヒストグラムで分布の特徴を理解し、基本統計量を体系的に使い分けることが重要である。

5・2 質的変数の分析

性別、喫煙有無、クラブ活動の度数を調べ、棒グラフや円グラフを描いてみよう。

(1) 質的変数の度数表を調べる

図5-1の［基本統計／集計表］から［度数表］を選ぶ。このウインドウは、STATISTICAメニューバーの［分析］-［初期パネル］から表示することもできる。

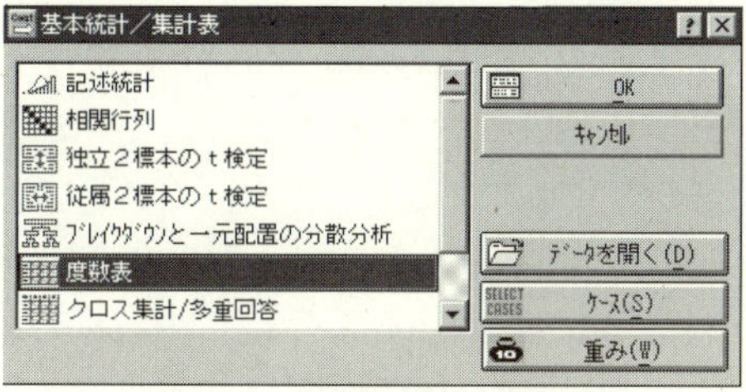

図5-1 ［基本統計／集計表］

そして、図5-2の［度数表］ウインドウの［変数］で、質的変数の“性別”、“喫煙有無”、“クラブ活動”を指定した後、［表とグラフのカテゴリー化の方法］欄の［整数カテゴリー］を選んだ後で、上の［度数表］をクリックする。

注.［整数カテゴリー］以外の方法を指定することで、表示を変えることができるので、試してみてほしい。

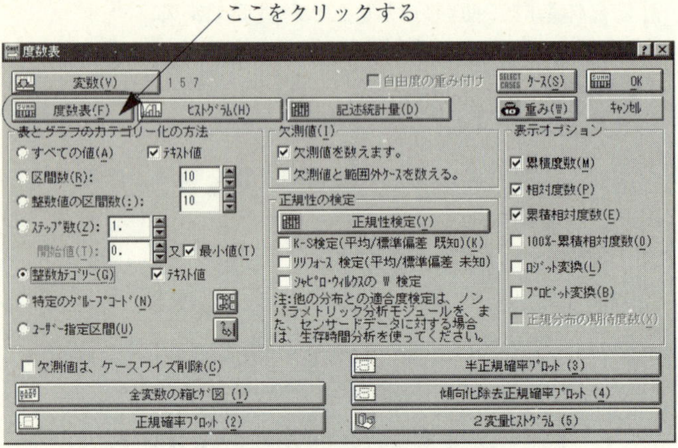

図5-2 ［度数表］ウインドウ

［度数表］をクリックすると、図5-3のように3つの度数表が重なって表示される。出力する表やグラフの個数はあらかじめ3に設定されている。そして3番目に表示される最後の表に、［継続］のバーが表示される。次のステップに進みたい場合は、この［継続］ボタンをクリックすればよい。あるいは、メニューバーから［分析］-［分析の継続］を選んでもよい。

メニューバーから［ウインドウ］-［垂直に並べて表示］を選ぶと、重ねて表示されたものが垂直に並べて表示され、見やすくなる。あるいは、モニター画面の一番下にある［性別］のタイトルバーをクリックすると、性別の度数表が一番手前に表示される。

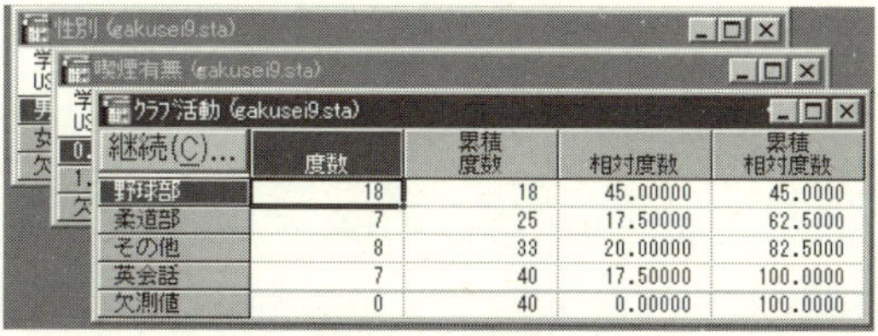

クラブ活動 (gakusei9.sta)

継続(C)...	度数	累積度数	相対度数	累積相対度数
野球部	18	18	45.00000	45.0000
柔道部	7	25	17.50000	62.5000
その他	8	33	20.00000	82.5000
英会話	7	40	17.50000	100.0000
欠測値	0	40	0.00000	100.0000

図5-3　度数表

(2) 性別の度数を調べ棒グラフを描く

図5-4は、性別の度数表である。

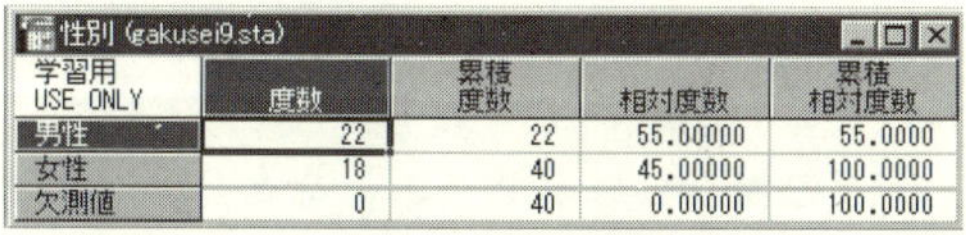

性別 (gakusei9.sta)

学習用 USE ONLY	度数	累積度数	相対度数	累積相対度数
男性	22	22	55.00000	55.0000
女性	18	40	45.00000	100.0000
欠測値	0	40	0.00000	100.0000

図5-4　性別の度数表

“度数”列から男性が22人、女性が18人いることが分かる。“欠測値”とは、missing valueの訳で、値が測定されず分からないものをいう。本データには欠測値はないので、0になる。

“累積度数”列は、最初の男性の行は男性の度数の22がそのまま用いられ、女性の行は男性と女性の度数を合計した40である。欠測値の累積度数は、22+18+0で40になる。すなわち、累積度数は最初の行からその行までの度数の合計である。

“相対度数”は、比率を意味する。“累積相対度数”は、相対度数を上からそのカテゴリーまで合計したもの、あるいは累積度数を全体の度数で割った比率を意味する。

しかし、性別のような質的変数では、累積される順序に意味はないので“累積度数”も“累積相対度数”も統計的な意味はない。これらが意味をもってくるのは、質的変数であっても成績の評価のようなランクづけが意味をもつ変数（順序尺度）と量的変数の場合である。

性別の度数表から分かることは、男性が22人（55%）、女性が18人（45%）という度数と比率である。企業では、顧客満足度や製品のマーケッティング調査にアンケート集計が行われるが、このような単純集計で終わっていることが多いのは残念なことだ。

データは宝（情報）の山だ。データから情報を徹底的に搾り出す努力が重要だ。

(3) 性別の度数を棒グラフで表す

次に、図5-2で［ヒストグラム］をクリックすると、図5-5の性別の棒グラフが出力される。

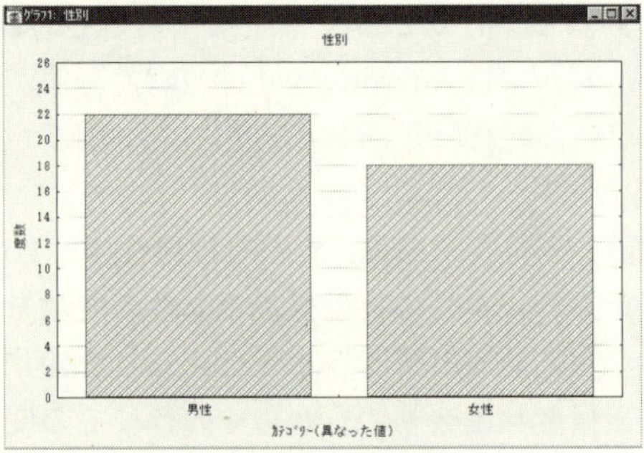

図5-5　性別の棒グラフ

質的変数の場合、棒の長さを度数に比例して描いた棒グラフを用いる。後で数値変数の場合のヒストグラムが出てくるが、棒グラフの棒をくっつけることで量的変数であることを示し、それを棒グラフと呼ばずヒストグラムといっているわけだ。図5-5の棒グラフから、男性が女性よりわずかに多いことが分かる。

(4) 喫煙有無の度数を調べる

喫煙の有 (gakusei9.sta)

学習用 USE ONLY	度数	累積度数	相対度数	累積相対度数
G_1:0	20	20	50.00000	50.0000
G_1:1	20	40	50.00000	100.0000
欠測値	0	40	0.00000	100.0000

図5-6　喫煙有無の度数表

図5-6は、喫煙有無の度数表である。G_1：0の、Gはグループ（Group）のGで、最初の1はグループの番号、次の0は入力されている値である。この場合、0は「喫煙しない」を意味する（表2-1参照）。

この度数表から、吸う（G_1：1）吸わない（G_1：0）が、同数であることが分かる。グラフ化する必要もないだろう。“G_1”が“喫煙有無”と表示されないのは、0/1の数値データであるためだ。0/1の代わりに、例えば“吸う”か“吸わない”という質的データであれば、“吸う”か“吸わない”が表示される。

(5) クラブ活動の度数を調べ円グラフを描く

クラブ活動 (gakusei9.sta)

継続(C)...	度数	累積度数	相対度数	累積相対度数
野球部	18	18	45.00000	45.0000
柔道部	7	25	17.50000	62.5000
その他	8	33	20.00000	82.5000
英会話	7	40	17.50000	100.0000
欠測値	0	40	0.00000	100.0000

図5-7　クラブ活動の度数表

図5-7は、クラブ活動の度数表である。野球部の学生は18人で、相対度数から全体の45%であることが分かる。このような度数の一番多いカテゴリーを、最頻値（Mode）という。

すなわち、クラブ活動の最頻値は野球部であり、性別の最頻値は男性である。喫煙有無は、度数が等しく、いちおう最頻値はないと考えることにしよう。

図5-8はクラブ活動の棒グラフで、野球部が、他の2倍以上の人数がいることが分かる。2カテゴリー間の倍率が比較できる。

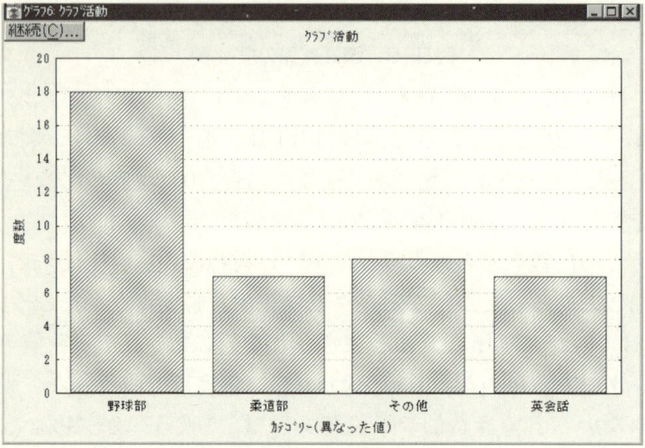

図5-8　クラブ活動の棒グラフ

図5-9は、[グラフ]-[2D統計グラフ]-[円グラフ] でもって描いた円グラフである。野球部が4割以上占めていることが分かる。円グラフのほうが、全体の中における比率がよく分かるようだ。

質的変数のグラフは、度数表以上の情報をもっているとは言えないので、レポートにグラフ引用するのは、必要最低限にすべきである。

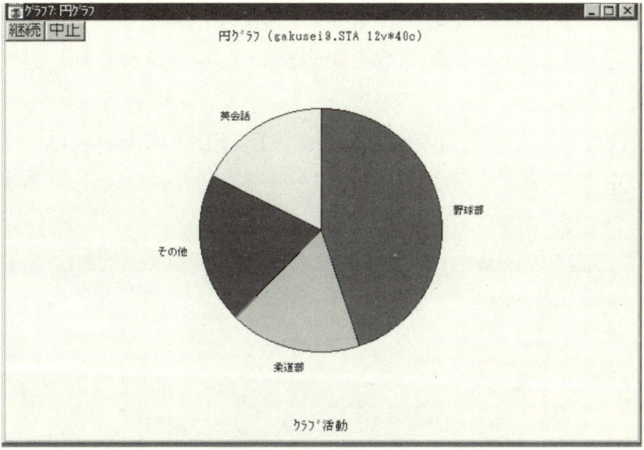

図5-9　円グラフ

5·3　量的変数の度数を調べる

ここでは、STATISTICAの表やグラフをWordやPowerPointに［コピー&貼り付け］する方法をマスターし、レポートを書く下準備をしよう。

(1)［記述統計］ウインドウで度数表を調べる

図5-1で記述統計を選ぶと、図4-17の［記述統計量］ウインドウが現れる。［変数］ですべての変数を指定し、このウインドウに戻る。そして、［変数］の下にある［分布］欄の囲みの中にある［度数表］をクリックすると、度数表が出力される。一度に出力する表やグラフの個数は、あらかじめ3に設定されている。そして3表目には、［継続］のバーが表示される。この後の4表目以降を出したい場合は、この［継続］ボタンをクリックすればよい。

メニューバーから［ウインドウ］－［垂直に並べて表示］を選ぶと、重なった度数表が垂直に並んで表示され、見やすくなる。

図5-10は、性別の表である。STATISTICAの表は、そのままワープロソフトに［コピー］－［貼り付け］してもきれいな表にはならない。

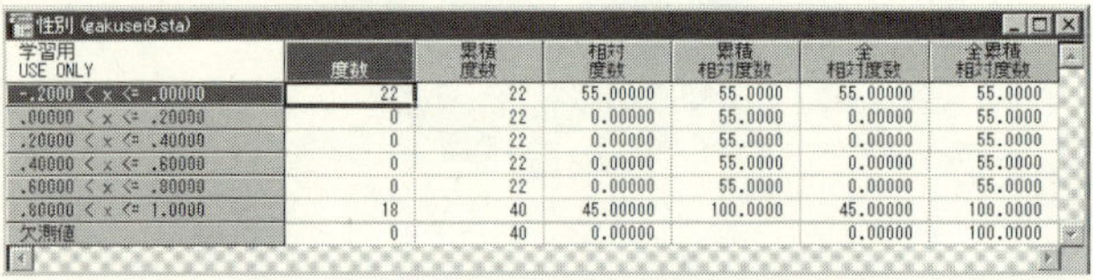

学習用 USE ONLY	度数	累積 度数	相対 度数	累積 相対度数	全 相対度数	全累積 相対度数
-.2000 < x <= .00000	22	22	55.00000	55.0000	55.00000	55.0000
.00000 < x <= .20000	0	22	0.00000	55.0000	0.00000	55.0000
.20000 < x <= .40000	0	22	0.00000	55.0000	0.00000	55.0000
.40000 < x <= .60000	0	22	0.00000	55.0000	0.00000	55.0000
.60000 < x <= .80000	0	22	0.00000	55.0000	0.00000	55.0000
.80000 < x <= 1.0000	18	40	45.00000	100.0000	45.00000	100.0000
欠測値	0	40	0.00000		0.00000	100.0000

図5-10　性別の度数表（グラフ表示）

図の“度数”枠からドラッグし、右方向に“全累積相対度数”まで横になぞると、度数表の数値の部分が黒く反転表示される。そして、メニューバーの［編集］－［コピー］を選んで、Excelを立ち上げ［編集］－［貼り付け］してみよう（図5-11）。

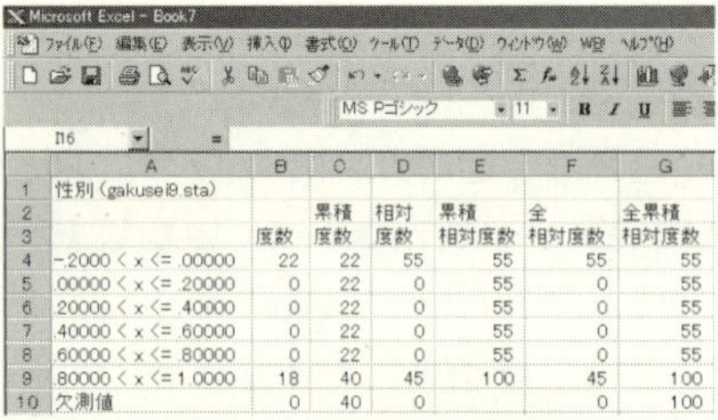

	A	B	C	D	E	F	G
1	性別 (gakusei9.sta)						
2			累積	相対	累積	全	全累積
3		度数	度数	度数	相対度数	相対度数	相対度数
4	-.2000 < x <= .00000	22	22	55	55	55	55
5	.00000 < x <= .20000	0	22	0	55	0	55
6	.20000 < x <= .40000	0	22	0	55	0	55
7	.40000 < x <= .60000	0	22	0	55	0	55
8	.60000 < x <= .80000	0	22	0	55	0	55
9	.80000 < x <= 1.0000	18	40	45	100	45	100
10	欠測値	0	40	0		0	100

図5-11　性別の度数表

よく見るとExcelの1列目の区間は、一部しか表示されていない。これは、Excelではセルの幅がデフォルトの8桁であるためである。表示幅を広げることで、図のように全部表示できる。あるいは、4列目の相対度数のように小数点以下5桁も6桁も無意味な数値が表示されている。この場合は、Excelのメニューバーから［書式］-［セル］を選んで、［表示形式］の［分類］を“数値”にして［小数点以下の桁数］を例えば“0”と設定すれば、すべての数値が図のように整数値で表示される。もしこの表をレポートに使う場合は、Excelでさらに罫線などを入れて見栄えよく編集加工すればよい。

そして、この表をコピーし、WordやPowerPointに貼り付ければ、レポートや発表の下準備に利用できる。

注．図4-11の［編集］-［スクリーンキャッチャー］を使い、図としても［貼り付け］てもよいが、表の編集が行えない。

(2) 質的変数の注意点

STATISTICAは、計算や表示速度を上げるためだろうと思うが、性別のような質的変数も内部では整数値に変換し処理される。このため、他の数値変数と同じく範囲を計算し、それを適切な区間幅でカテゴリー化して度数表を作成する。

性別の範囲は1であり、区間幅0.2で6区間の度数表で出力されている。よって、区間 $-0.2 < X \leqq 0$ は、0のことである。また、$0.8 < X \leqq 1.0$ は1である。残りの4つの区間は、本来表示する必要がない。

これが気に入らない場合は、図5-2の［度数表］を用いて、図5-4のように出力すれば良い。

しかし、「知的生産性」を重視する場合は、［記述統計］の中の度数表で検討し、重要な質的変数だけ後でレポート作成時に図5-2の［度数表］を使えばよいだろう。これは好みの問題であって、どちらを選ぶかは読者の考えしだいである。

(3) 成績の度数表と最頻値

表5-1は、成績の度数表をExcelで編集加工した図5-11を、Wordに［編集］-［貼り付け］し、体裁を整えたものである。

		累積	相対	累積
	度数	度数	度数	相対度数
30< x <= 40	2	2	5.0	5.0
40< x <= 50	1	3	2.5	7.5
50< x <= 60	8	11	20.0	27.5
60< x <= 70	9	20	22.5	50.0
70< x <= 80	9	29	22.5	72.5
80< x <= 90	8	37	20.0	92.5
90< x <= 100	3	40	7.5	100.0

表5-1　成績の度数表

成績は40点から100点の区間にあり、60点の範囲を区間幅10点の7区間で分割し度数を集計している。一般的には、区間の上限に等号がくるように決められている。今回使ったデータでは、区間$30 < x \leqq 40$は、実は40点しかない。2つの区間$60 < x \leqq 70$と$70 < x \leqq 80$が、度数9で一番大きいので、この区間は「最頻値」と呼ばれる。最頻値は、区間の設定の仕方で異なってくることに注意しよう。

(4) 累積相対度数から四分位数を見つける

量的変数では、累積相対度数が重要な意味をもってくる。区間$40 < x \leqq 50$の累積相対度数は7.5%である。50点以下の学生は、成績の悪い7.5%に含まれることを示す。

$50 < x \leqq 60$の累積相対度数は27.5%である。すなわち51点から60点のどこかの点で、その点以下に成績の悪い25%の学生がいることになる。この点を第1四分位数（Q1）と

か25%点という。その点数以下に、10人の成績の悪い学生がいることになる。

区間60＜x≦70の累積相対度数は50%である。70点以下に成績の悪いほうから50%（20人）の学生がいることになる。この値を第2四分位数（Q2）とか中央値（Median）あるいは50%点という。全体を2分する値になっている。このため、平均と並んで「データの代表値」と呼ばれる重要な統計量である。

区間80＜x≦90に、第3四分位数（Q3）あるいは75%点がある。

四分位数とは、データを小さなものから大きなもの順に並べ、四等分する値のことである。すでに、箱ヒゲ図でも紹介した通りである。

5·4 度数でヒストグラムを描く

度数を使ってヒストグラムを描き、分布の形を理解することが重要だ。

(1) ヒストグラムで正規分布か否かを調べる

すべての変数を選択したうえで図5-12の左中央にある［分布］欄で、3つのチェックボックス［正規分布の期待度数］、［シャピロ&ウィルクスのW検定］、［K−Sとリリフォースの正規性検定］を選択し、その上にある［ヒストグラム］をクリックする。

シャピロ&ウィルクスのW検定、K−Sとリリフォースの正規性検定は、母集団の分布が正規分布と仮定して、標本の分布から母集団の分布が正規分布か否かを判定する統計

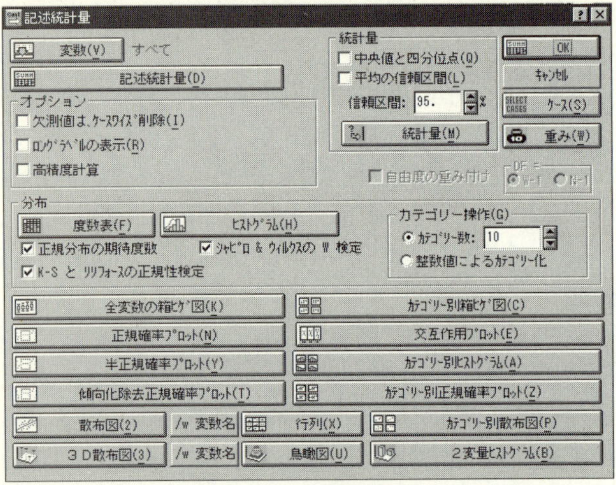

図5-12 [記述統計量]

量（正規性の検定統計量）である。やはり、帰無仮説の元で標本のヒストグラムが得られるp値で判断すればよい。ここでは、個別の検定について説明は行わない。読者は、検定の結果のみに注目してほしい。

これで、表5-1の度数表をグラフ化した図5-13に示すヒストグラムとその上に正規性の検定結果が得られる。高さは、度数に比例している。量的変数なので、棒グラフのように間隔があいておらず、ヒストグラムになる。

(2) ヒストグラムの見かた

ヒストグラムで検討すべきポイントは、次の通りである。

・まずヒストグラムが単峰性かピークが2つ以上ある多峰性かを判断する。単峰性とは山が1つの形状をしており、多峰性は山が2つ以上ある形状をした分布を意味する。30点から40点にあるような小さな山は無視して、いちおう単峰

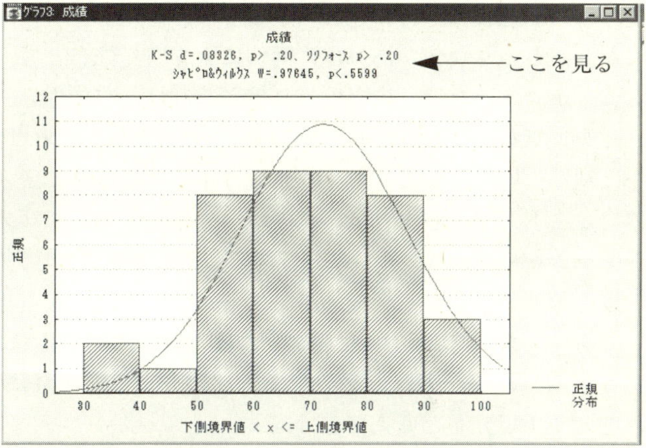

図5-13　成績のヒストグラム

性と考える。多峰性の分布であれば、データを層別してみて単峰性の分布に分けることを試みよう。多峰性の分布で、基本統計量を議論してもほどんと意味がない。

・単峰性の場合、最頻値に注目し、値の大きなほうに何区間、値の小さなほうに何区間あるかを調べる。大きなほうの区間数が極端に多い場合、右（値の大きなほう）に裾を引く分布と考えられる。小さなほうの区間数が多い場合、左（値の小さなほう）に裾を引く分布と考えられる。成績は、真ん中にある2つの区間がいずれも9人いて最頻値であり、ほぼ左右対称の分布と考える。

・ヒストグラムに重ね書きされた左右対称の釣り鐘状の曲線が正規分布である。データから計算された平均と標準偏差を用いて描いたものである。すなわち、成績のデータが母集団で①正規分布であればほぼこの曲線になり、ヒストグラムもこの曲線にほぼ重なるわけである。②もしこの正規分布の曲線より非常に離れたところに、ヒストグラムの大きな値と小さな値があれば、両側に裾を引く分布と考える。③値の大きなほうにだけ外れ値があれば、右に裾を引いた分布である。④値の小さなほうにだけ外れ値があれば、左に裾を引いた分布である。⑤正規分布よりはるかに狭い幅にヒストグラムがあれば、裾の短い分布と考える。ヒストグラムを5つのパターンに分類することが重要だ。

以上の判定基準から、成績のヒストグラムはほぼ左右対称であり正規分布に近いと判断すればよい。この判断は、ある程度の経験と慣れが必要である。迷うようであれば、いちおう正規分布と考えておけばよい。

重要ポイント ヒストグラムで分布が単峰性か多峰性かを調べる。多峰性の場合、質的変数で層別して単峰性の分布に分けることが重要だ。単峰性の場合、正規分布曲線を参考にして、ヒストグラムが5つのどのパターンになるかを判定すればよい。

(3) 帰無仮説なんて難しくない！

ヒストグラムで視覚的に正規分布であると判断した後、図5-13のヒストグラムの上に表示された正規性の検定結果を検討する。

具体的な解説に入る前に、第1章で解説した「帰無仮説」の考え方をもう一度おさらいしておこう。40人の学生が属する学生全体を想定した分析の枠組みを母集団という。そして、実際に集めた40人のデータを母集団からサンプリングした標本と考える。標本は、手元にある40人だけである

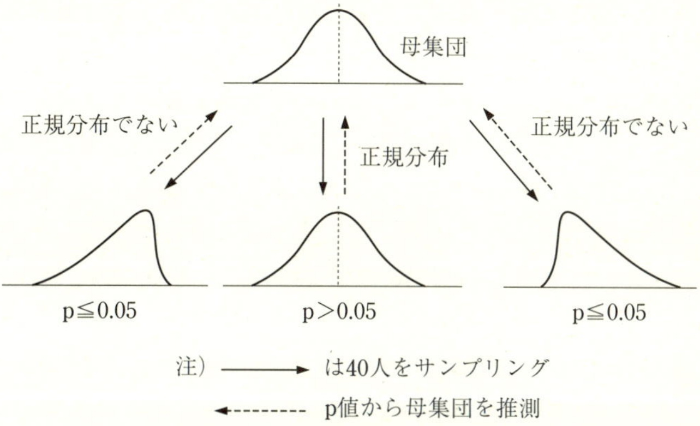

図5-14　母集団は正規分布か？

が、場合によって他の教室で同じように別の標本を集めることができる。この標本から計算される標本の統計量によって、母集団の対応する統計量（母数）を推測しようというのが推測統計学の骨子である。そのため、検定という作業を行う。

検定の理論を正確に理解することは難しいが、その意味を正しく理解し、利用することはやさしい。家電、携帯電話、パソコンのメカニズムは知らなくても利用することはできる（知っていればなおよいが……）。それと同じく、統計研究家にとって理論式を理解する必要があっても、統計を正しく利用したいユーザーは、その意味さえ正しく理解できればよい。したがって読者も、シャピロ&ウィルクスのW検定、K-Sとリリフォースの正規性検定の詳細について知る必要はなく、結論の出し方を理解すればよい。

この母集団における成績の分布が、図5-14のように正規分布であると仮定する。統計では、このような仮説を帰無仮説という。「帰無」は、仮説を否定したいという気持ちでつけられている。単に、母集団での仮説と考えてもよい。

そして、実際に集めた40人のデータ（母集団に対し標本という）で、図5-13のようなヒストグラムになった。母集団が正規分布とした場合、このようなヒストグラム（あるいは分布）が現れる確率が計算できる。このような計算式を導くのが、統計家の仕事であり、統計ソフトが値を教えてくれる。この確率の値を、確率（Probability）の頭文字をとってp値という。これまで、有意確率と呼ばれてきた。

このp値が0.05（あるいは0.01）より小さければ、まれなことが起きたと考える。このようなまれなことが起きたのは、母集団で正規分布と仮定したことが間違っているからと考えるわけだ。すなわち、40人の調査から、母集団における学生の成績は正規分布でないと一般的に判断することになる。元の仮定を否定（棄却）することに重きがあるので、帰無（無に帰る）というわけだ。一方、0.05より大きければ、母集団が正規分布でありそこからサンプリングした標本も正規分布になったといちおう考えることにする。この“いちおう”がすぐには分かりづらい。統計における検定は、データ数が多くなれば、どんなものでもやがて違いが明らかになり、仮説が否定される運命にある。

(4) 背理法になじもう

帰無仮説を受け入れるか受け入れないかのp値の基準を、これまでは有意水準といってきた。有意水準には5%や1%が用いられる。このどちらを用いるかは、データ数が少ない場合は5%で譲歩し、100件以上と多い場合はできるだけ

1%を用いるべきである。

本書では、従来使われてきた5%で説明している。ただし、本書の学習を終えて、新たなデータの分析を行う際には1%を採用していくことが望ましい。特に大量のデータを処理できるパソコンの利用を前提とする場合は、有意水準は1%とすべきだ。

要は、p値の値が小さければ、母集団の仮説がおかしいからそのようなことが生じたと判断し、その仮説を捨てることにする。そして、p値が大きければ母集団の仮説をいちおう受け入れることにする。「検定は、p値で決める二者択一問題」と考えれば分かりやすいだろう。

実は、この論法は、数学で習うあの「背理法」の一種である。「Aと仮定してBが導かれたが、Bはありえない事象であった。これは、仮説Aが間違っているからである」と考える。ありうるか、ありえないかをp値で判断する点に、これまで多くの統計学履修者が壁にぶち当たり、役に立つ統計学を社会に出ても一向に応用できない原因がある。

もう一つ伝統的な統計学では、説明されない解釈がある。「母集団が正規分布であれば、標本だって正規分布に近い形になる。標本が正規分布でないのは、母集団も正規分布でないからだ。ただし、データが少ないと、それほど自信をもって言えないけれど」という割りきった考えかただ。以上のことを科学的に扱おうとすれば、帰無仮説というような回りくどいロジックになる。

(5) 正規性の検定なんて、やさしいものだ

それでは、早速、正規性の検定を行ってみよう。図5-13のヒストグラムの上に表示される統計量に着目していただ

きたい。3つある正規性の検定は、K-S統計量のD値0.08326に対して2つのp値が出力される。最初は0.2以上（$p > 0.20$）、次のリリフォースのp値はやはり0.2以上（$p > 0.20$）であるので、母集団は正規分布と考える。シャピロ&ウィルクス統計量は0.97645で$p < 0.5599$で0.05以下でないのでやはり帰無仮説を受け入れる。たったこれだけである。すなわち、母集団の正規性を検討する統計量から正規分布と判断できる。

ヒストグラムでいちおう正規分布と判断した。そして正規性の検定統計量のp値でも正規分布と判断したわけだ。

注．もし仮に0.05以下ならば、このようなまれな確率になったのは、帰無仮説のほうがおかしいと考え、この仮説を受け入れないことにする（棄却するという）。すなわち、母集団の成績は、正規分布でないと判定する。

重要ポイント 統計は難しいが、グラフを用い見当をつけた後、p値で帰無仮説を二者択一することに慣れれば楽しくなる。他の検定も、同じように考えれば良い。

ヒストグラムで視覚的に判断し、正規性の検定で確認できたので、成績は正規分布と考えてもよいだろう。視覚的な判断を前提にしないで、p値だけで判断すると、解釈が逆になることが多い。これが、筆者がグラフを用いることが重要であると主張する理由である。

ところで、一部の読者から必ず正規性の検定に関する計算式を教えてくださいという問いが発せられる。何が自分にとって重要かの優先度をつけて考えることが苦手な日本人の悪い癖である。「統計の利用者に徹するのであれば必要ないし、統計の研究家を志すのであれば自分で調べなさい」

というのが私の回答である。決して、この件に関して問い合わせしないでいただきたい。

(6) 2峰性の分布

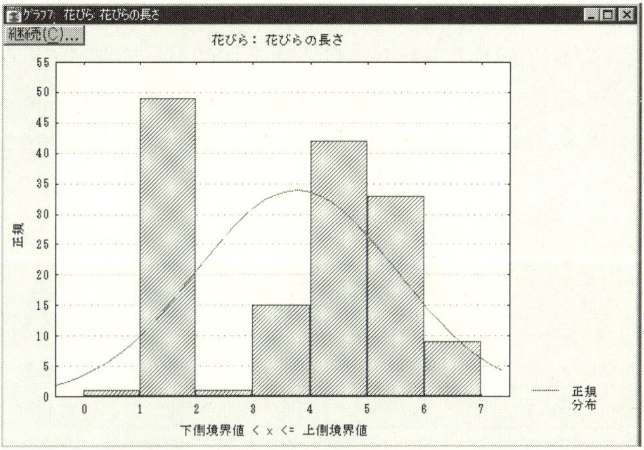

図5-15 あやめのデータのヒストグラム

図5-15は、"フィッシャーのあやめ"という英国の高名な統計学者の名前のついたデータのヒストグラムである(巻末参考文献2)。明らかに2峰性の分布である。このような場合、なぜ2峰性になったかその原因を調べるべきである。実は、値の小さなほうはセトナ、大きなほうはバーシクルとバージニカという2種のあやめが混ざった分布である。このような場合、2.5前後の値でデータを層別して考えるべきである。

注. "フィッシャーのあやめ"のデータは、セトナ、バーシクル、バージニカという3種類のあやめに関して、がくへん、がくへん幅、花びら、花びら幅という4個の計測値を各50個ずつ、計150個集めたデータである。判別分析やクラスター分析の説明に用いられ、最近では決定木分析の説明にも用いられている。統計の分野で、いわばみんなが知識を共有するデータである。『パソコン楽々統計学』は、このデータを題材に基本統計量から多変量解析まで紹介している。筆者も、整数計画法と呼ばれる手法で開発した新しい判別分析手法の評価に用いている（巻末参考文献10-16）。

例えば、私が数年前教えていた成蹊大学の1年生の基礎演習のゼミ生のレポートで、「支出」が2峰性になっていた。色々な原因が考えられる。自宅通学か否か、アルバイト収入があるか否か、性別などが原因と考えられる。このデータでは服飾費などがかかることで、女子学生の支出が男子学生より大きいことが分かった。

(7) 勉強時間の度数表とヒストグラム

	度数	累積 度数	相対 度数	累積 相対度数
$0 < x \leqq 2$	6	6	15.0	15.0
$2 < x \leqq 4$	13	19	32.5	47.5
$4 < x \leqq 6$	10	29	25.0	72.5
$6 < x \leqq 8$	6	35	15.0	87.5
$8 < x \leqq 10$	4	39	10.0	97.5
$10 < x \leqq 12$	1	40	2.5	100.0

表5-2　勉強時間の度数表

表5-2は勉強時間の度数表で、図5·16はヒストグラムである。区間$2 < x \leqq 4$に最頻値がある単峰性の分布で、ヒストグラムから少し右に裾を引いた分布である。区間$2 < x \leqq 4$にQ1（第1四分位数、25%点）が、$4 < x \leqq 6$にQ2（第2四分位数、50%点）が、$6 < x \leqq 8$にQ3（第3四分位数、75%点）があることが分かる。

次に、勉強時間のヒストグラムの正規性を調べてみよう。

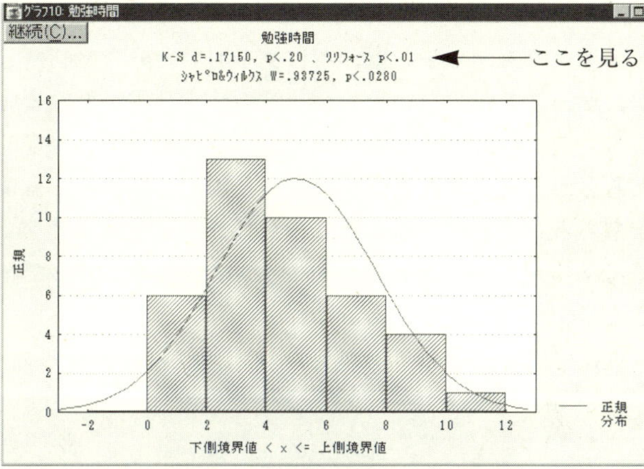

図5-16　勉強時間のヒストグラム

前述したように、今回分析している大学生のアンケートデータはケース数が40件しかないので、5%つまりp値が0.05より大きいか小さいかを調べればよい。K-S検定の最初のp値が0.20だから0.05より大きいので帰無仮説を受け入れる。すなわち、いちおう正規分布と判断できる。一方、リリフォースではp値は0.01であり、シャピロ&ウィルクスのp値は0.0280と、いずれも0.05より小さい。したがって、帰無仮説は棄却されるので、正規分布でないと判断される。

このような3つの結果が異なる場合、どうすればよいのだろうか？　明らかに、正規分布であるともないとも言えない。あるいは多数決で、いちおう正規分布でないと考えることもできる。一番よいのは、3つの結果を併記しておくことだろう。

注. 判断をはっきりしたい場合、シャピロ&ウィルクスの結果を採用すればいいだろう。

ヒストグラムから少しだけ右に裾を引いた分布と判断したが、ケース数が少ないため正規性の検定結果があいまいである。この場合は、正規分布でないと判断せず、保守的にどちらかと言えば正規分布に近いと判断を保留してもよい。もちろんデータが増えれば、棄却され正規分布でなくなるであろう。その理由は、1·4の標準誤差のところで紹介したロジックと同じである。

(8) 支出の度数表とヒストグラム

	度数	累積 度数	相対 度数	累積 相対度数
$1<x\leqq 2$	5	5	12.5	12.5
$2<x\leqq 3$	12	17	30.0	42.5
$3<x\leqq 4$	7	24	17.5	60.0
$4<x\leqq 5$	8	32	20.0	80.0
$5<x\leqq 6$	4	36	10.0	90.0
$6<x\leqq 7$	2	38	5.0	95.0
$7<x\leqq 8$	1	39	2.5	97.5
$8<x\leqq 9$	0	39	0.0	97.5
$9<x\leqq 10$	1	40	2.5	100.0

表5-3 支出の度数表

表5-3は支出の度数表で、図5-17はヒストグラムである。区間$2<x\leqq 3$に最頻値がある単峰性の分布で、ヒストグラムから右に裾を引いた分布であることが分かる。区間$2<x\leqq 3$にQ1が、$3<x\leqq 4$にQ2が、$4<x\leqq 5$にQ3があることが分かる。勉強時間と同じく、K-Sを除く2つの正規性の検定は、0.05で棄却される。

もしケース数がもっと多ければ、K-Sのp値は小さくなり、棄却されることになる。すなわち、少ないデータではこれくらいの右に裾を引いた分布では、はっきりと正規分布でないと判断できないということである。

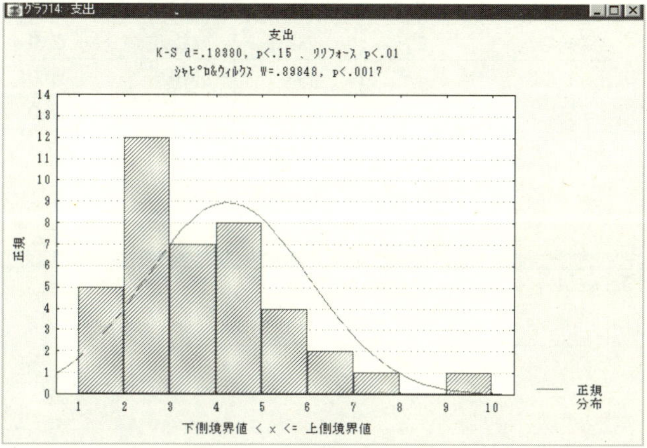

図5-17　支出のヒストグラム

(9)　飲酒日数の度数表とヒストグラム

次ページの表5-4は飲酒日数の度数表で、図5-18は飲酒日数のヒストグラムである。区間0＜x≦1に最頻値がある単峰性の分布で、ヒストグラムから右に裾を引いた分布であることが分かる。区間0＜x≦1にQ1とQ2が、2＜x≦3にQ3があることが分かる。

3つの正規性の検定とも、0.05で棄却される。支出よりも明らかに正規分布でないと判定してもよさそうだ。

	度数	累積度数	相対度数	累積相対度数
$-1<x\leqq 0$	7	7	17.5	17.5
$0<x\leqq 1$	13	20	32.5	50.0
$1<x\leqq 2$	7	27	17.5	67.5
$2<x\leqq 3$	5	32	12.5	80.0
$3<x\leqq 4$	4	36	10.0	90.0
$4<x\leqq 5$	2	38	5.0	95.0
$5<x\leqq 6$	1	39	2.5	97.5

表5-4　飲酒日数の度数表

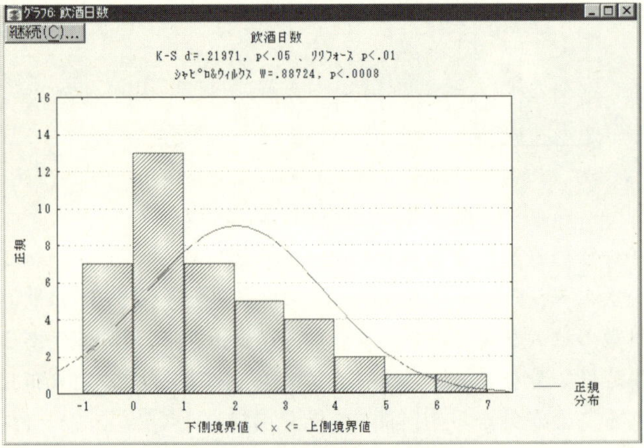

図5-18　飲酒日数のヒストグラム

(10) 人の世は、右に裾を引いた分布が多い

量的変数の分布の代表値として、最頻値、中央値、平均値がある。右に裾を引いた分布では、最頻値≦中央値≦平均値の順に大きくなる。「分布の代表値」とは、たくさんあるデータを代表して1つの数値で表すときに用いられる統

計量である。

年収とか貯蓄など、世の中には右に裾を引く分布が多い。すなわち、平均値は値の大きな外れ値に影響を受け、大きな値になる。例えば、毎年1世帯の平均貯蓄額が新聞紙上をにぎわす。平均値は、例えば1600万円とすると、多くの世帯で父親は肩身が狭い思いをする。実は、中央値が500万円とか600万円であり、この値を用いるべきだ。なぜなら、この値で全世帯が2分されるからである。

平均値は一部の大きな値（外れ値という）に影響され、大きくなる傾向がある。例えば、1、2、3の3個の平均値と中央値はともに2である。3が27に置き換わると、平均値は10に跳ね上がるのに、中央値は2のままである。

一方、左に裾を引く分布では、平均値≦中央値≦最頻値の順になる。

そこで、右や左に裾を引く分布では、平均値でなく中央値を用いるべきだ。なぜだろうか?

右に裾を引こうが、左右対称であろうが、左に裾を引こうが、中央値は常に真ん中にある。

一方、左右対称の分布では、これらの3つの代表値はほぼ等しくなる。このため、平均値（すなわち中央値）で代表すればよいわけだ。

ヒストグラムで正規分布か否かを検討するのは、それによって用いる「分布の代表値」が異なってくるからだ。

重要ポイント これまでの平均値信仰は間違いである。平均値は、正規分布のような左右対称な分布においてしか意味がない。

5・5 正規分布の呪縛を解き放とう

現在主流の推測統計学は、数値変数が主として正規分布であることを前提にしている。それによって、理論構築が容易であったためである。そして、文科系の大学の統計教育では、「始めに正規分布ありき」ということで、平均や標準偏差を教えている。しかし、自然科学と異なり、人文・社会科学が対象とする人間社会や企業活動の現象は、正規分布でないことのほうが当たり前だ。

(1) これでは役に立たない

図5-12の［記述統計量］ウインドウの［変数］ですべての変数を指定する。そして、［変数］の下にある［記述統計量］をクリックすると、よく統計の本でおなじみの不十分な記述統計量が表示される（図5-19）。

記述統計（gakusei9.sta）

継続(C)...	ｹｰｽ数	平均	最小値	最大値	標準偏差
性別	40	.4500	0.0000	1.0000	.50383
成績	40	72.2500	40.0000	100.0000	14.63005
勉強時間	40	4.9750	1.0000	12.0000	2.65530
支出	40	4.2500	2.0000	10.0000	1.77951
喫煙有無	40	.5000	0.0000	1.0000	.50637
飲酒日数	40	2.0250	0.0000	7.0000	1.76123
ｸﾗﾌﾞ活動	40	101.1000	100.0000	103.0000	1.17233

図5-19　記述統計量

最初の列に変数名（Variable）、その後に、ケース数（Case Number、データ件数とも言う）、平均値（Mean）、最小値（Minimum Value）、最大値（Maximum Value）、標準偏差（Standard Deviation、*s*とかSDと略す）が出力されている。他の統計ソフトでも、たいがいデフォルトの出力は同じようだ。また、多くの統計の入門書でも標準偏差を求めるために分散をこれに加えて解説しているくらいである。

しかし、これはすべての量的変数が正規分布であるという、勝手な前提を置いた上ではじめて許される。現実の多くのデータは決して正規分布ではない！

また、標準偏差は「データのバラツキ」を表す統計量（情報）と教えられている。しかし標準偏差がデータのバラツキを正しく表すのは、データが正規分布するときだけである。正規分布でなければ、標準偏差はその存在価値がなくなってしまう。

(2) 正規分布をSpeakeasyで描く

これほど大きな呪縛力をもつ正規分布は、図5-20のような平均を中心にした左右対称の釣り鐘状の分布になる。平均を0とし標準偏差を1として、数学ソフトSpeakeasy（『パソコンらくらく数学』にソフトを添付）で描いた。平均値を中心に、標準偏差を3倍した範囲に、データの99%以上が含まれる。そこで、区間［−3, 3］で描いた。

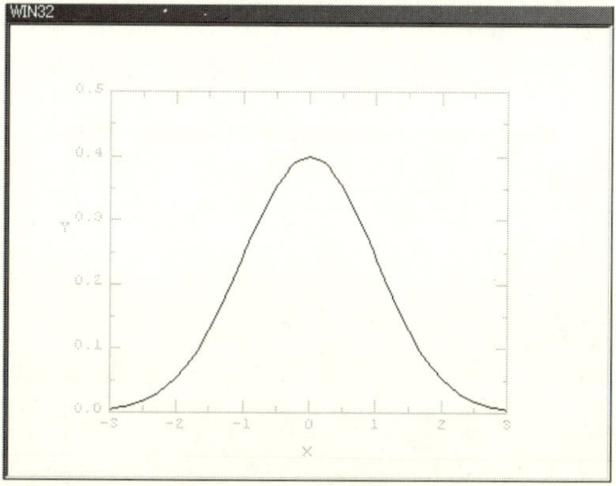

図5-20 正規分布

正規分布は、平均がmで標準偏差をsとした場合、この2つの値から次のような指数関数で定義される。

$$y=f(x)=\frac{1}{\sqrt{2\pi}s}e^{-\frac{(x-m)^2}{2s^2}}$$

平均$m=0$、標準偏差SD＝1の場合、

$$f(x)=\frac{1}{\sqrt{2\pi}}e^{-\frac{x^2}{2}}$$

の形の指数関数になる。このため、平均の0を中心に左右対称になっている。

図5-21は、2次関数$z=x^2/2$の代わりに$z=|x|$を用いた指数関数$y=\frac{1}{2}e^{-z}$をSpeakeasyで描いた。図5-20と同じく平均0を中心に左右対称な一山形の分布である。ただ、正規分布のほうが釣鐘状にふっくらしているのに対して、この分布は尖った分布である。区間［−6, 6］に、99.75％のデータがあり、正規分布より裾が広いことが分かる。

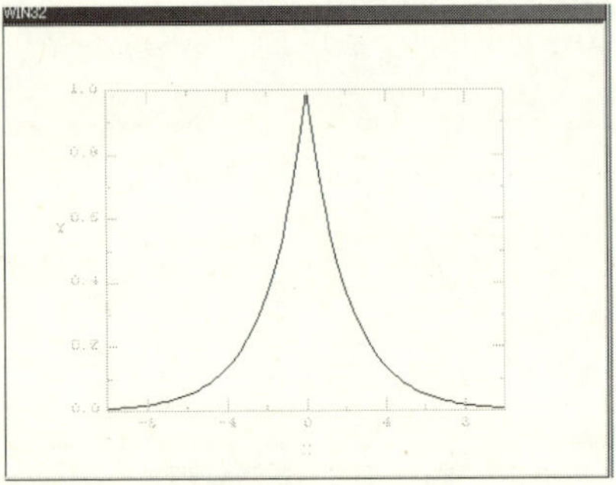

図5-21　指数関数$y=\frac{1}{2}e^{-z}$のグラフ

(3) 正規分布とどう向き合うか？

正規分布は、ドイツの天才数学者ガウス（1777〜1855）が、測定誤差を研究することで発見したことは先に述べた。

これが統計学に取り入れられ、母集団や標本が正規分布になると仮定し、理論がおおいに進歩した。正規分布が重要視された背景には、母集団が正規分布でなくてもそこから得られた標本の平均値は、サンプリングされるケース数が多いほど正規分布になるという「大数の定理」の影響も強い。

一方、正規分布以外の理論分布を仮定した研究や、理論分布をまったく仮定しないノンパラメトリック検定の理論もあるが、統計学で大きな比重を占めていない。

天体観測や物理観測のような自然科学分野では、正規分布と考えてもよい現象も多いだろう。しかし、人間社会やビジネスの分野の現象は、一般的には正規分布であるよりも右に裾を引く分布などが多く現れる。

では、どうすればよいだろう？　本書では、それに対する考えかたを示している。

(4) 正規分布表

結局、正規分布は、平均mと標準偏差SDという2つのパラメータで決まってしまう。別の意味では、平均と標準偏差で決められる区間に含まれるデータの比率が、一意に決まってしまう。例えば、区間［m−2*SD，m+2*SD］（$m-2*s \leqq x \leqq m+2*s$のこと）に約96%、区間［$m$−3*SD，$m$+3*SD］に約99%、そして区間［$m$−1.96*SD，$m$+1.96*SD］にちょうど95%のデータがあるような分布が正規分布である。

任意の区間［a, b］の確率は、正規分布の関数$f(x)$をこの区間で積分（$\int_a^b f(x)$）することで計算できる。

その都度積分するのは面倒なので、これらの値は平均0で標準偏差を1とした表5-5（高校の数学Cで用いられるものを引用）の正規分布表を用いてこれまで計算してきた。正規分布表は、行の値がaの小数点1桁までを、列の値がaの小数点2桁目を表し、0からaまでの確率（$\int_0^a f(x)$）を表している。

例えば、aが3.00の値（行が3.0で列が0の交差するところ）は0.4987である。よって3以上になる確率（比率）は0.0013である（0.5 − 0.4987 = 0.0013）。一般的に正規分布表と言えば、0.4987の代わりに0.0013を表記するものをさす（すなわち、$\int_a^\infty f(x)$）。左右対称であるので−3以下の確率も0.0013である。よって、区間［−3, 3］の確率は、1−2*0.0013 = 1−0.0026 = 0.9974になる。あるいは、0.4987*2 = 0.9974になる。区間［m−3*SD, m+3*SD］に約99%のデータが含まれるといったのはこのことを意味する。

標準偏差のことを、データのバラツキを表す代表的な統計量と教えている。バラツキとは何であろうか。平均と標準偏差で作られる区間にどれだけのデータが含まれているかを表す尺度のことだ。

(5) 正規分布表よ、さようなら

しかし、STATISTICAを使えば、もう正規分布表は不用になる。

図5-1の［基本統計／集計表］から［確率計算］を選ぶと、図5-22の［確率分布の計算］ウインドウが現れる。ここで［Z（正規）］を選ぶ。z分布は、平均を0、標準偏差を1に基準化した標準正規分布N(0, 1)のことである。

正規分布表

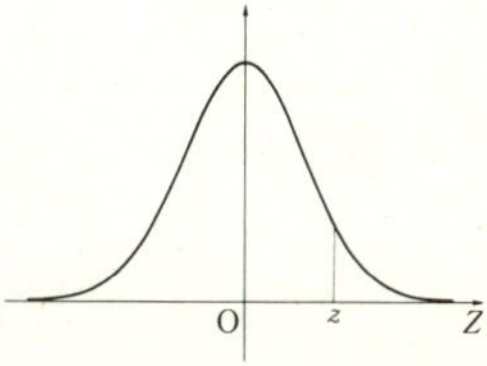

z	0	1	2	3	4	5	6	7	8	9
0.0	.0000	.0040	.0080	.0120	.0160	.0199	.0239	.0279	.0319	.0359
0.1	.0398	.0438	.0478	.0517	.0557	.0596	.0636	.0675	.0714	.0753
0.2	.0793	.0832	.0871	.0910	.0948	.0987	.1026	.1064	.1103	.1141
0.3	.1179	.1217	.1255	.1293	.1331	.1368	.1406	.1443	.1480	.1517
0.4	.1554	.1591	.1628	.1664	.1700	.1736	.1772	.1808	.1844	.1879
0.5	.1915	.1950	.1985	.2019	.2054	.2088	.2123	.2157	.2190	.2224
0.6	.2257	.2291	.2324	.2357	.2389	.2422	.2454	.2486	.2517	.2549
0.7	.2580	.2611	.2642	.2673	.2704	.2734	.2764	.2794	.2823	.2852
0.8	.2881	.2910	.2939	.2967	.2995	.3023	.3051	.3078	.3106	.3133
0.9	.3159	.3186	.3212	.3238	.3264	.3289	.3315	.3340	.3365	.3389
1.0	.3413	.3438	.3461	.3485	.3508	.3531	.3554	.3577	.3599	.3621
1.1	.3643	.3665	.3686	.3708	.3729	.3749	.3770	.3790	.3810	.3830
1.2	.3849	.3869	.3888	.3907	.3925	.3944	.3962	.3980	.3997	.4015
1.3	.4032	.4049	.4066	.4082	.4099	.4115	.4131	.4147	.4162	.4177
1.4	.4192	.4207	.4222	.4236	.4251	.4265	.4279	.4292	.4306	.4319
1.5	.4332	.4345	.4357	.4370	.4382	.4394	.4406	.4418	.4429	.4441
1.6	.4452	.4463	.4474	.4484	.4495	.4505	.4515	.4525	.4535	.4545
1.7	.4554	.4564	.4573	.4582	.4591	.4599	.4608	.4616	.4625	.4633
1.8	.4641	.4649	.4656	.4664	.4671	.4678	.4686	.4693	.4699	.4706
1.9	.4713	.4719	.4726	.4732	.4738	.4744	.4750	.4756	.4761	.4767
2.0	.4772	.4778	.4783	.4788	.4793	.4798	.4803	.4808	.4812	.4817
2.1	.4821	.4826	.4830	.4834	.4838	.4842	.4846	.4850	.4854	.4857
2.2	.4861	.4864	.4868	.4871	.4875	.4878	.4881	.4884	.4887	.4890
2.3	.4893	.4896	.4898	.4901	.4904	.4906	.4909	.4911	.4913	.4916
2.4	.4918	.4920	.4922	.4925	.4927	.4929	.4931	.4932	.4934	.4936
2.5	.4938	.4940	.4941	.4943	.4945	.4946	.4948	.4949	.4951	.4952
2.6	.4953	.4955	.4956	.4957	.4959	.4960	.4961	.4962	.4963	.4964
2.7	.4965	.4966	.4967	.4968	.4969	.4970	.4971	.4972	.4973	.4974
2.8	.4974	.4975	.4976	.4977	.4977	.4978	.4979	.4979	.4980	.4981
2.9	.4981	.4982	.4982	.4983	.4984	.4984	.4985	.4985	.4986	.4986
3.0	.4987	.4987	.4987	.4988	.4988	.4989	.4989	.4989	.4990	.4990
3.1	.4990	.4991	.4991	.4991	.4992	.4992	.4992	.4992	.4993	.4993
3.2	.4993	.4993	.4994	.4994	.4994	.4994	.4994	.4995	.4995	.4995
3.3	.4995	.4995	.4995	.4996	.4996	.4996	.4996	.4996	.4996	.4997
3.4	.4997	.4997	.4997	.4997	.4997	.4997	.4997	.4997	.4997	.4998
3.5	.4998	.4998	.4998	.4998	.4998	.4998	.4998	.4998	.4998	.4998

表5-5　正規分布表　『高等学校　数学C』(第一学習社)より転載

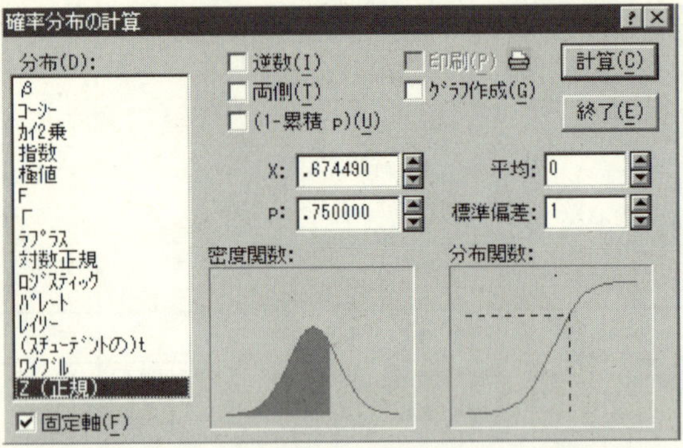

図5-22 ［確率分布の計算］ウインドウ

ウインドウにある［X］は、下の［密度関数］とある正規分布のX軸の値を指し、［p］は、このグラフの斜線部の確率を表す。ここでは、正規分布につけられた影から、xが$-\infty$から0.67449までの累積相対度数がp = 0.75であることが分かる。すなわち、$x = 0.67449$が正規分布の第3四分位数（Q3）である。また、この正規分布曲線は平均0を中心に左右対称になっているので、z分布のQ1は-0.67449、Q2は0であり、区間［-0.67449, 0.67449］にデータ全体の真ん中にある50%のデータがある。この区間の幅1.35を「四分位範囲」と呼んでいる。「範囲」や「標準偏差」と同じく、データの真ん中にある50%のデータを含むバラツキを表す統計量である。

［逆数］は、一般の正規分布表ではある値以上の確率を表示しているので、累積確率のことを逆数と呼んでいるようだ。これをクリックしてもしなくても図5-22と同じ値になる。［両側］を選んで［計算］をクリックすると、［-0.67449, 0.67449］の区間の確率0.5が計算される。xを0.67449のま

まで（1−累積 p）だけを選ぶと一般の正規分布表と同じく0.67449以上の確率が0.25と計算される。［グラフ作成］を選ぶと、［密度関数］と［分布関数］を1つのウインドウに表示してくれるので、ワープロにコピーすることができる。分布関数とは、0から1までの累積確率を表す関数のことである。

(6) 95%信頼区間を求める

ここで、図5-22の［両側］を選んで、［X］の右横の数値を1.96に変更した後、［計算］ボタンをクリックする。図5-23のようにp = 0.950004が得られる。

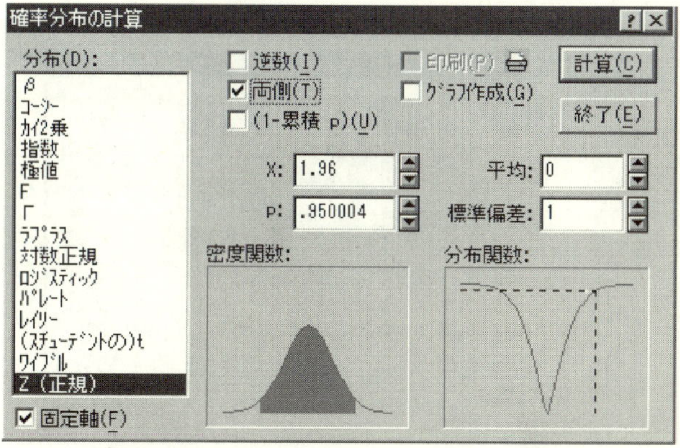

図5-23　区間［−1.96, 1.96］の計算

［密度関数］のグラフは、区間［−1.96, 1.96］を表す区間が黒く塗りつぶされている。そして、この区間にはデータ全体の95.0004%すなわち95%あることが分かる。すなわち、平均値から標準偏差の1.96倍離れた区間［m−1.96*SD, m+1.96*SD］に95%のデータがあることが分かる。

さらに、［X］に2と3を入れて計算すると、95.45%と99.73%になる。これが、区間［m−2*SD, m+2*SD］に約96%、区間［m−3*SD，m+3*SD］に約99%のデータがあることに対応している。すなわち、正規分布の定義域は−∞から∞であるが、大部分のデータは、［m−3SD，m+3SD］すなわちz分布では［−3，3］に収まるわけだ。

すごくできる奴を3σ以上とか、アメリカで1990年代以降製造業が復権した鍵としてシックスシグマ（6σ）と呼ばれる欠陥品を究極まで少なくする運動で記号σが用いられている。一般には、σのようなギリシア文字は母集団の統計量を、s（SD）のようなアルファベットは標本統計量を表すのに使い分けられている。

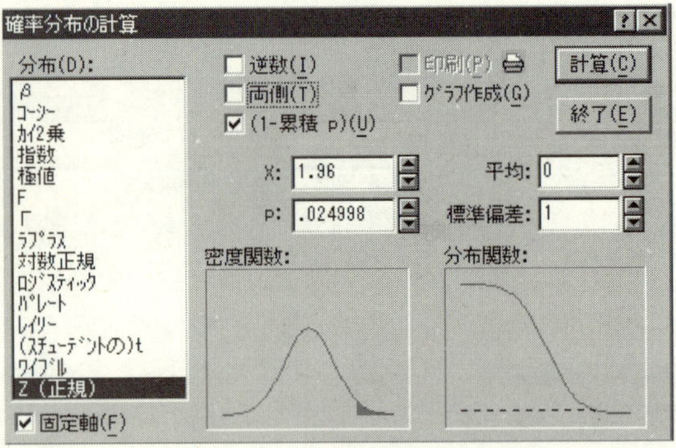

図5-24　正規分布表の計算

図5-24は、これまで広く用いられてきた正規分布表の値を計算するための指定方法である。［(1−累積p)］をチェックし、［X］に1.96を入れて［計算］をクリックすると、xが1.96以上の確率が0.024998（2.5%）であることが分かる。一般の正規分布表で得られる値を計算してくれる。

いずれにしても、区間［m−1.96*SD，m+1.96*SD］には95%のデータが含まれる。これを利用して、平均値の95%

信頼区間や標準偏差、歪み度、尖り度、回帰係数の95%信頼区間が計算でき、母数の推測に用いることができる。

(7) 悩ましき偏差値

これまで平均が0で標準偏差が1の正規分布（Z分布）を考えた。偏差値は、元の成績の分布がどうであれ、それを平均50で標準偏差10の正規分布に変換したものである。すなわち、図5-24で［平均］を50に［標準偏差］を10に設定し、Xの値に70そして［(1－累積p)］をクリックし［計算］すれば、0.02275が計算される。すなわち、偏差値70は、ある集団の上位2.275%（97.725%点）にいることを意味する。

注. この場合、密度関数と分布関数が表示されない。

元の成績のデータをどう変換するのだろうか？　それは簡単だ。元の成績のp%点を、N(50, 10) のp%点に対応させただけだ。例えば、前期試験の65点と後期試験の85点が97.725%点であれば、ともに偏差値は70である。偏差値80は、(m+3*SD) 以上の上位0.135%（99.865%点）に属する高得点者を表す。1万人いれば、上位の13人に相当する。逆に、1万人の受験生の中で成績の悪い13人目の学生のパーセント点は0.135%であり、偏差値の20に対応する。

偏差値のメリットは、同じ集団に属する受験生が何度か試験を受けたときにある。試験には難易度があり、その都度平均や標準偏差が変わる。全体のパーセント点で比較すれば、全体における相対的位置や異なった試験の難易に影響されないで比較を行える。

しかし、偏差値の問題点は、次の通りである。

・偏差値は、厳密に言えば異なった集団に用いることはできないのに、一人歩きして普遍的な能力尺度として用いられている。例えば、1教科受験校の偏差値が高いのは、それに特化して勉強した学生が多く集まるので、3科目や5科目受験の学生より1教科だけの偏差値がよくて当たり前である。予備校の担当者によれば、受験科目が1科目少なければ少なくとも偏差値で5ぐらい低く見る必要があるそうだ。最近では、偏った受験勉強をしてきた学生に対して、補講を行う大学がある。喜劇であり、悲劇でもある。

・大学の学部につけられる偏差値は、予備校のもっている偏差値データから当該学部の受験生を抽出し、偏差値で合格者と不合格者の分布を作成し、合格者と不合格者数が等しくなる偏差値を採用している。それ以上の偏差値をとる学生は、50%以上の割合で合格できるだろうというわけだ。

しかし、2つの偏差値分布の重なりは意外に大きい。確かに、いちおう合格ラインの難易度の目安になるが、私立大学の悩ましい点は入学者のバラツキが非常に大きいことである。しかし、多くの人は大学が偏差値によって均質に輪ぎりにされ順序づけられていると考えているようだ。その結果、大学における成績を評価しないで、勉強していない偏差値上位校の学生を無条件に採用する企業も多い。それでいいのだろうか。

・複数回試験をやった場合、毎回平均や標準偏差が異なり、評価しにくい。このとき、同一の集団であれば偏差値で比較でき便利なわけだ。しかし、対象集団が異なるものの比較を安易に行ってはいけない。あるいは、複数の偏差値を合計したものは、正体不明の尺度である。

重要ポイント 受験生を悩ませ、教員を悩ませる偏差値は、受験生の得点分布のパーセント点を、平均50で標準偏差10の正規分布に変換したものである。単にパーセンタイル（パーセント点）を用いて分かりやすく一元化したにすぎない。すなわち対象集団でのパーセント情報を表しているにすぎない。2科目受験、3科目受験、5科目受験では集団が異なっているのに、全国の受験生を1つの便利な尺度で評価できるとの誤解があるようだ。

（8）t分布表

正規分布と並んで、表5-6に示すt分布が有名である。t分布は、正規分布と同じく平均を中心にして左右対称の分布である。ケース数が少ない場合は左右に裾を引いた分布であり、ケース数が多くなると正規分布になる。

この分布は、ギネスビールというよりもギネスブックで有名なギネス社の醸造研究家のゴセット氏によって発見された。少数のデータを対象にしている場合、正規分布から導き出された結論がおかしいと気づいたわけである。

表の行は、自由度すなわち（ケース数−1）を表す。行の最後は、ケース数が無限に大きことを示す。0.025の列と交差する値は1.96である。これは1.96以上になる確率が2.5%であることを示す。この値は、正規分布と同じである。すなわち、t分布はケース数が大きくなれば正規分布になるような分布だ。

0.025の列を上に見ていくと、ケース数が少なくなるにつれ、この値が大きくなる。ケース数が11件しかないと自由度が10なので、2.228になる。すなわち、ケース数が11件

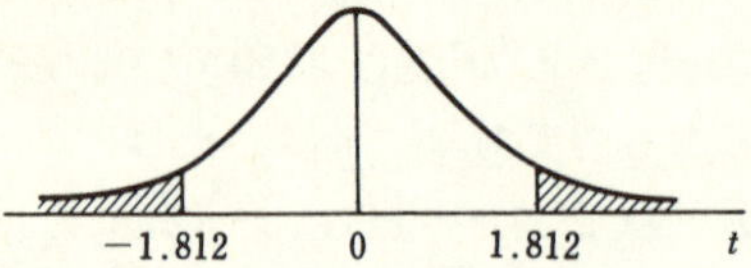

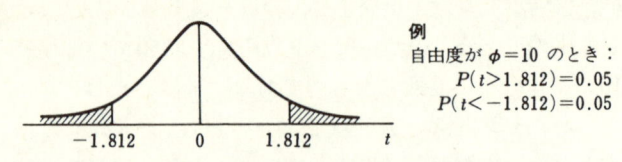

例
自由度が $\phi=10$ のとき：
$P(t>1.812)=0.05$
$P(t<-1.812)=0.05$

ϕ \ α	.25	.20	.15	.10	.05	.025	.01	.005	.0005
1	1.000	1.376	1.963	3.078	6.314	12.706	31.821	63.657	636.619
2	.816	1.061	1.386	1.886	2.920	4.303	6.965	9.925	31.598
3	.765	.978	1.250	1.638	2.353	3.182	4.541	5.841	12.941
4	.741	.941	1.190	1.533	2.132	2.776	3.747	4.604	8.610
5	.727	.920	1.156	1.476	2.015	2.571	3.365	4.032	6.859
6	.718	.906	1.134	1.440	1.943	2.447	3.143	3.707	5.959
7	.711	.896	1.119	1.415	1.895	2.365	2.998	3.499	5.405
8	.706	.889	1.108	1.397	1.860	2.306	2.896	3.355	5.041
9	.703	.883	1.100	1.383	1.833	2.262	2.821	3.250	4.781
10	.700	.879	1.093	1.372	1.812	2.228	2.764	3.169	4.587
11	.697	.876	1.088	1.363	1.796	2.201	2.718	3.106	4.437
12	.695	.873	1.083	1.356	1.782	2.179	2.681	3.055	4.318
13	.694	.870	1.079	1.350	1.771	2.160	2.650	3.012	4.221
14	.692	.868	1.076	1.345	1.761	2.145	2.624	2.977	4.140
15	.691	.866	1.074	1.341	1.753	2.131	2.602	2.947	4.073
16	.690	.865	1.071	1.337	1.746	2.120	2.583	2.921	4.015
17	.689	.863	1.069	1.333	1.740	2.110	2.567	2.898	3.965
18	.688	.862	1.067	1.330	1.734	2.101	2.552	2.878	3.922
19	.688	.861	1.066	1.328	1.729	2.093	2.539	2.861	3.883
20	.687	.860	1.064	1.325	1.725	2.086	2.528	2.845	3.850
21	.686	.859	1.063	1.323	1.721	2.080	2.518	2.831	3.819
22	.686	.858	1.061	1.321	1.717	2.074	2.508	2.819	3.792
23	.685	.858	1.060	1.319	1.714	2.096	2.500	2.807	3.767
24	.685	.857	1.059	1.318	1.711	2.064	2.492	2.797	3.745
25	.684	.856	1.058	1.316	1.708	2.060	2.485	2.787	3.725
26	.684	.856	1.058	1.315	1.706	2.056	2.479	2.779	3.707
27	.684	.855	1.057	1.314	1.703	2.052	2.473	2.771	3.690
28	.683	.855	1.056	1.313	1.701	2.048	2.467	2.763	3.674
29	.683	.854	1.055	1.311	1.699	2.045	2.462	2.756	3.659
30	.683	.854	1.055	1.310	1.697	2.042	2.457	2.750	3.646
40	.681	.851	1.050	1.303	1.684	2.021	2.423	2.704	3.551
60	.679	.848	1.046	1.296	1.671	2.000	2.390	2.660	3.450
120	.677	.845	1.041	1.289	1.658	1.980	2.358	2.617	3.373
∞	.674	.842	1.036	1.282	1.645	1.960	2.326	2.576	3.291

表5-6　*t* 分布表

では平均の95%信頼区間は［$m-1.96*SE$，$m+1.96*SE$］ではなく、［$m-2.228*SE$，$m+2.228*SE$］を用いる必要があることにゴセット氏は気づいたわけだ。

すなわち、t分布は平均を中心に左右対称の分布であるが、データが少なくなるにつれ分布の裾が広がっている。ケース数が少なければ、バラツキの幅を大きく評価しようということだ。これ以上の説明は、上級コースになるので拙著『パソコンによるデータ解析』を参照してほしい。

(9) t分布表も、さようなら

このt分布表もSTATISTICAを用いれば必要でなくなる。先ほどの説明を、STATISTICAの確率計算の計算を使って説明しよう。図5-25のウインドウをご覧いただきたい。

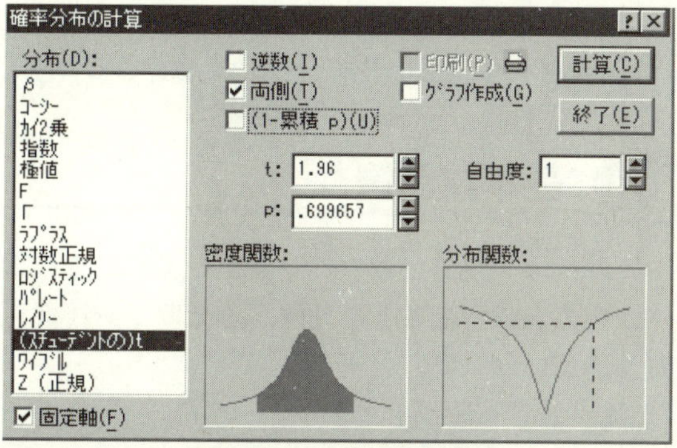

図5-25　t分布表の計算

z分布の2つ上にある［(スチューデントの) t］と［両側］を選んで、t値に1.96を入れて［自由度］を1のままで［計算］をクリックすると、t値が［−1.96，1.96］の区間を表すp値は0.95ではなく0.699657になる。［自由度］の［▲］を押し続けて上げていくと、p値は0.699657から0.95に限りなく近づいていくことが分かる。

このことは、t分布はケース数を限りなく増やせば正規分布になることを意味する。逆に、対象とするケース数が少ない場合、95%のデータがある区間は［m−1.96*SD，m+1.96*SD］より大きいことを意味する。例えば、ケース数が40件の場合は、自由度は39であるので［自由度］欄に39と入れ、p値を0.95にして計算すると、t値が2.022691になる。すなわち、1.96の代わりに2.02を用いて95%の区間［m−2.02*SD，m+2.022*SD］を計算すればよい。

すなわち、少数例を注意深く観察することによって、ゴセット氏はt分布を発見したわけだ。しかし、ケース数が100件以上もあれば、t分布は正規分布で近似してもよい。読者は、できるだけ多くのデータを分析することにすれば、t分布から解放され、正規分布だけで議論できる。

5･6 基本統計量

基本統計量は、数値変数のデータから導き出される情報である。その意味することを理解するだけであれば、それほど難しくないはずだ。

(1)［記述統計］ウインドウ

図5-1の［基本統計／集計表］で［記述統計］を選ぶと、図5-12の［記述統計量］ウインドウが現れる。［変数］ですべての変数を指定する。［変数］の右にある［統計量］欄の囲みの中にある［統計量］ボタンをクリックすると、図5-26の［統計量］ウインドウが表示される。

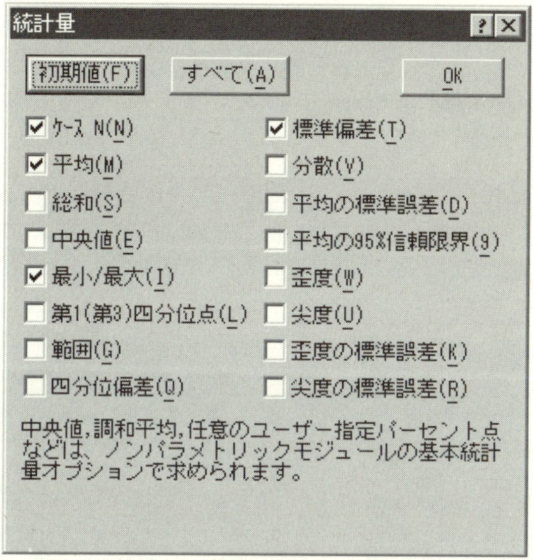

図5-26 ［統計量］ウインドウ

すでにチェックの入った統計量は、図5-19で表示されたものである。慣習的に、これらが1個の量的変数に関する基本的な統計量と考えられてきた。多くの初歩的な統計書でも、これらを懇切丁寧に説明している。

しかし、データが正規分布の場合にしか通用せず、世の中には正規分布でないものが多いという実践的な指摘がほとんどないのが通例である。

実は、ここで[すべて]を選んで、ここに示された統計量をすべて理解し、その使い分けを知ることが重要である。

(2) 解説

次の表5-7は、図5-26の［すべて］で指定した基本統計量の簡単な説明である。

統計量	英語表記	意　味
ケース数	nで表す	データ件数（欠測値を含まない）
平均	MEAN(m)	m＝合計／データ件数＝Σx_i／n
総和	SUM	Σx_i（データx_iの合計）
中央値	Median	Q2、第2四分位数、50%点
最小値	Minimum	一番小さな値
最大値	Maximum	一番大きな値
第1四分位点(数)	Q1	25%点。Q1以下に25%のデータを含む
第3四分位点(数)	Q3	75%点。Q3以下に75%のデータを含む
範囲	Range	最大値－最小値
四分位範囲	Range of Quantile	Q3－Q1、真ん中の50%のデータがある範囲
標準偏差	Standard Deviation, SD, s, σ	正規分布するデータのバラツキを表す統計量。分散の平方根
分散	Variance	偏差平方和/(n－1)＝$\Sigma(x_i-m)^2/(n-1)$
平均の標準誤差	Standard error（SE）	標本平均値の分布の標準偏差
平均の95%信頼区間	95% confidential interval of mean	[m－1.96*SE, m＋1.96*SE]
歪み度	Skewness	右に裾を引く分布は正、左右対称の分布は0、左に裾を引く分布は負
歪み度の標準誤差	Stderr of Skewness	歪み度の分布の標準偏差
尖り度	Kurtosis	大きな外れ値のある分布（右に裾を引く分布、左に裾を引く分布、左右に裾を引く分布）は正、正規分布と同じ裾の長さをもつ分布は0、正規分布より裾の短い分布は負
尖り度の標準誤差	Stderr of Kurtosis	尖り度の分布の標準偏差

表5-7　基本統計量の簡単な説明

統計量の計算で重要なのは、各データから平均値を引いた偏差（x_i-m）である。偏差を自乗して合計したものが、偏差平方和$\Sigma(x_i-m)^2$である。これを自由度（n−1）で割った$\Sigma(x_i-m)^2/(n-1)$が分散である。分散の平方根が、標準偏差である。標準偏差は、範囲と同じくデータのバラツキを表している。

偏差を標準偏差のSDで割ったものを基準化された偏差（実はz値のこと）と呼ぶ。その3乗をnで割ったものが歪み度（$\Sigma((x_i-m)/SD)^3/n$）である。歪み度は、分布が左右対称であれば0である。右に裾を引いていれば（値の大きなほうに外れ値がある）正に、左に裾を引いていれば（値の小さなほうに外れ値がある）負になる。

基準化された偏差の4乗をnで割ったものが尖り度$\Sigma((x_i-m)/SD)^4/n$である。尖り度は、正規分布であれば3になる。

しかし最近では、歪み度としてnを修正した

$$\Sigma((x_i-m)/SD)^3 * [n/\{(n-1)(n-2)\}]$$

が用いられ、尖り度としては

$$\Sigma((x_i-m)/SD)^4 * [\{n(n+1)\}/\{(n-1)(n-2)(n-3)\}] \\ -3 * [(n-1)^2/\{(n-2)(n-3)\}]$$

が用いられている。これによって、正規分布の場合は、尖り度は0になる。そして、正規分布より裾が広ければ（大きなほうか、小さなほうか、あるいは両方に外れ値がある場合）正になる。正規分布より裾が短ければ（外れ値がなく、狭い範囲にまとまっている）負になる。

また、偏差は相関係数の計算にも用いられ、統計の黒子的役割を果たしている。

(3) 基本統計量の体系化

多くの統計ソフトが、表5-7のような順序で統計量を列挙しているのは不思議である。おそらく、従来の統計の教科書が、計算式のやさしいものから順に説明していった名残であろう。

基本統計量には、役割がある。データの中心を表す“代表値”、データの“バラツキを表す統計量”、分布の“形状を表す統計量”、の3つである。

表5-8は、変数のタイプと基本統計量の関係を示している。名義尺度では、最頻値だけが求まる。順序尺度は、順序関係があるので、中央値や範囲や四分位範囲がいちおう考えられるが、普通は用いない。量的変数ではじめて、基本統計量が意味をもってくる。

この表に入ってこない合計は平均の計算に、最大値と最小値は範囲の計算に、第1四分位数と第2四分位数は四分位範囲に、分散は標準偏差の計算に、それぞれ用いられている。

	代表値	バラツキ	分布の形状
名義尺度	最頻値		
順序尺度	最頻値、(中央値)	(範囲、四分位範囲)	
間隔・比尺度	最頻値、中央値、平均値	範囲、四分位範囲、標準偏差	歪み度、尖り度

表5-8　変数のタイプと基本統計量の関係

(4) 標準誤差が分かれば、統計が面白くなる

統計の達人になるには、標準誤差を使いこなすことが重

要である。データが正規分布する場合、データのバラツキは平均から標準偏差SDの何倍離れているかで、その区間に含まれる比率が分かった。平均から標準偏差の1.96倍離れた区間［$m-1.96*\mathrm{SD}$, $m+1.96*\mathrm{SD}$］に95%のデータが含まれていることを前に述べた。

標準誤差とは、平均値（m）、標準偏差（SD）、歪み度（sk）、尖り度（ku）などの統計量が作る分布の標準偏差のことである。図5-27に示すように、母集団から何組も標本を作った場合、各標本で基本統計量がそれぞれ計算できる。そして、平均値、標準偏差、歪み度、尖り度などでそれぞれ平均値の分布、標準偏差の分布などをそれぞれ考えることができる。これらの分布の標準偏差が、平均値の標準誤差、標準偏差の標準誤差、歪み度の標準誤差、尖り度の標準誤差である。いずれも、ケース数が大きくなれば、標準誤差が小さくなることが分かる。

平均値、標準偏差、歪み度、尖り度の標準誤差はそれぞれ以下の式で表される。

平均値の標準誤差 $= \mathrm{SD}/\sqrt{n}$

標準偏差の標準誤差 $= \mathrm{SD}/\sqrt{2n}$

歪み度の標準誤差（$\mathrm{SE}(sk)$）$= \{[6n*(n-1)]/[(n-2)*(n+1)*(n+3)]\}^{1/2}$

尖り度の標準誤差 $= \{[4*(n^2-1)*\mathrm{SE}(sk)^2]/[(n-3)*(n+5)]\}^{1/2}$

ただし n はケース数で、$\mathrm{SE}(sk)$ は歪み度の標準誤差

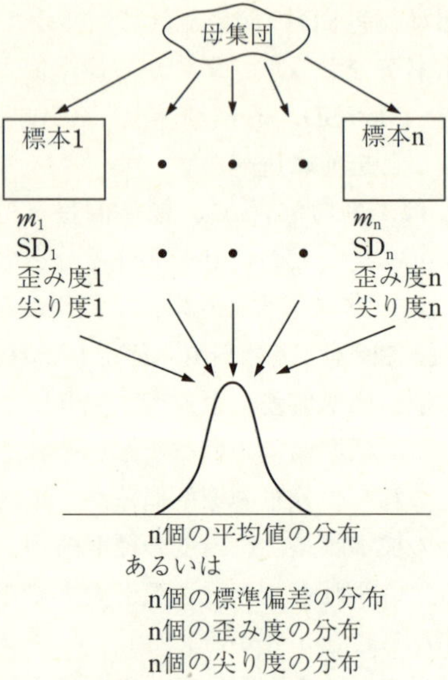

図5-27　標準誤差の秘密

標準偏差は、1組の標本に含まれるデータのバラツキを表す。平均値の標準誤差は、標本平均が作る分布のバラツキ（標準偏差）と考えればよい。標準偏差の標準誤差は、標本標準偏差が作る分布のバラツキ（標準偏差）である。

歪み度と尖り度の標準誤差は、標本歪み度と尖り度が作る分布のバラツキ（標準偏差）である。このことが理解できるだけで、難しい確率分布の話を勉強する必要がなくなる。標準偏差（SD）の代わりに標準誤差（SE）を用いて、$[m-1.96*SE,\ m+1.96*SE]$ を計算する。これを平均値の95%信頼区間という。例えば、この区間が0を含むか否かで、母平均が0か否かを判断できる。

同様に、歪み度、尖り度とその標準誤差から、歪み度と尖り度の95%信頼区間が計算できる。この式で平均の代わりに歪み度と尖り度を、平均の標準誤差の代わりにそれらの標準誤差を代入し計算すればよい。計算結果から、歪み度と尖り度が0か否かを判定できる。

一方、n組の標本を母集団からサンプリングした場合、n組の各統計量からn組の95%信頼区間が求められる。95%の確率でこの信頼区間は、母集団の平均値や歪み度や尖り度の値を含んでいると解釈することもできる。

重要ポイント 実際に利用する場合は、これらの95%信頼区間が0を含んでいなければ、母集団の平均値や歪み度や尖り度は0でないと考える。0を含んでいればいちおう0と考えることにする。この判断の間違う確率は、5%である。

(5) t検定による母平均が例えば0かどうかの判定

母平均が0か否かを判断するには、標本平均値の95%の信頼区間を求める以外にも別のやり方がある。それが、これから説明するt検定といわれる手法である。t検定では、標本平均mが母平均0から標準誤差の何倍離れているかを表すt値で判定する。t値は次の式で求められる。

$$t = (m-0)/\mathrm{SE} = m/\mathrm{SE}$$

このt値が大きくなるほど、母平均が0という帰無仮説のもとで、標本平均がmになるp値は小さくなっていく。t値が作る分布をt分布という。この分布はケース数（自由度）

によって表5-6のように異なってくる。ケース数が40の場合は自由度が39であり表にないので$\phi = 40$で概算すると$\alpha = 0.025$の値は2.021である。STATISTICAで計算すると、$\phi = 39$、$\alpha = 0.025$の値は2.023であった。そこで、95%信頼区間の計算に1.96に代わって2.02を用いたわけだ。t検定では、2.02以上になる場合は0.025で、mは正と考える。−2.02以下になる場合は0.025で、mは負と考える。すなわちt値の絶対値が2.02以上になるp値は0.05になる。これを両側検定の5%で棄却するという。

データの数が無限大の場合を考えると（t分布表では、一番下にある無限大の行になる）、$\alpha = 0.025$になるt値は1.96になる。t値が1.96以上の値をとるとき、このとき、帰無仮説は棄却される（否定される）。すなわち、mが0から離れているのは、もともと母平均が0と考えたために起きた問題と考えるのだ。つまり、母平均は0でないと考える。

t検定のからくりを、自由度が無限大の場合の図5-28を使って説明しよう。まず、図5-28のように母集団の平均μを0と仮定する（帰無仮説）。そして、標本から得られたmと標準誤差SEから$t=(m-0)/SE$を計算する。そしてt値が1.96の場合、p値は0.05となり、(a) のように$m-1.96SE=0$になる。

t値が1.96以上になるとp値$\leqq 0.05$になり、（b）のように、$m-1.96SE > 0$になる。逆にt値が（C）のように1.96以下になると、p値$\geqq 0.05$となり、$m-1.96SE < 0$になる。この場合、いちおう帰無仮説を受け入れる。ここで、いちおうという言いまわしをしたのは、ケース数を増やせば、標準誤差が小さくなってt値が1.96以上になり、そのうち

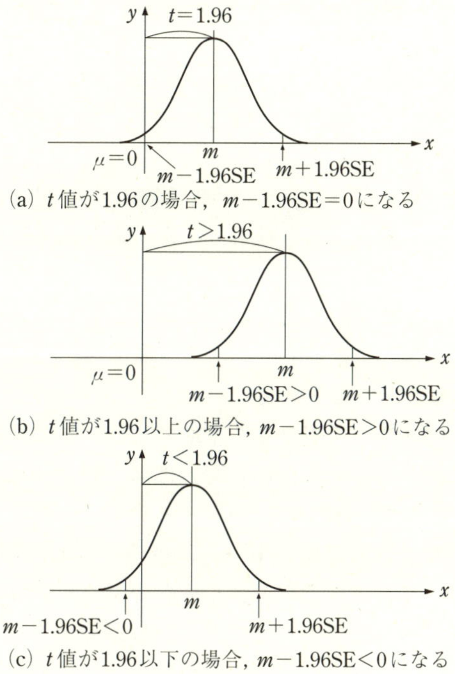

図5-28　*t* 検定の秘密

棄却されるからである。すなわち、標本平均と母平均0がそれ程かけ離れていないので、標本平均mの値からいちおう母平均を0と考えることにするわけだ。

結局、平均値の95%信頼区間が0を含むか否かと、平均値が0か否かの t 検定はコインの裏と表で同じことを表している。読者は、分かりやすいほうを用いればよい。

5・7 基本統計量を利用する戦略

基本統計量をどう利用するか。その戦略は、次の通りである。

(1) 基本戦略

基本統計量をどう利用するかの戦略は、正規分布を中心にして、ヒストグラムを使って、次のように分類することである。

①多峰性か単峰性かを調べる。多峰性の場合は、それを単峰性の分布に層別することを考え、層別された単峰性の分布で基本統計量を検討する。

②単峰性の場合、正規分布を基準にして、右に裾を引く分布、左に裾を引く分布、左右両方に裾を引く分布、裾の短い分布、の5つに分類する。

③正規分布では、平均、中央値、最頻値の3つの代表値は一致する。左右両方に裾を引く分布や裾の短い分布であっても、左右対称であれば3つあるいは最頻値を除く2つの統計量は一致する。右に裾を引く分布では、最頻値≦中央値≦平均値の大小順になる。左に裾を引く分布では、平均値≦中央値≦最頻値の大小順になる。

以上の分類を行った後、基本統計量は次のように使い分ける。

i）正規分布の場合。分布の代表値は平均値、バラツキは標準偏差を用いる。歪み度と尖り度は、正規分布であるので0である。

ii）右に裾を引く分布すなわち平均が中央値より明らかに大きい場合、分布の代表値は中央値、バラツキは四分位範囲を用いる。歪み度は正であり、尖り度は正（か0）である。
iii）左に裾を引く分布すなわち平均が中央値より明らかに小さい場合、分布の代表値は中央値、バラツキは四分位範囲を用いる。歪み度は負、尖り度は正（か0）である。
iv）左右に裾を引く対称な分布では、分布の代表値は平均値か中央値、バラツキは四分位範囲を用いる。歪み度は0、尖り度は正（か0）である。
v）裾の短い分布では、分布の代表値は平均値か中央値、バラツキは四分位範囲を用いる。歪み度は多分0になり、尖り度は負である。

すなわち、右や左に裾を引く分布では、3つの代表値は異なってくる。しかし、中央値は3つの統計量の真ん中にあるので、平均値の代わりにこれを用いる。バラツキを表す統計量は、正規分布あるいはそれに近いときは標準偏差を用いる。それ以外は、四分位範囲を用いることになる。

ただし、右や左や両方に裾を引いていても、それほど極端でなければ世間で通用している標準偏差も併用して考えればよい。

⑵ 正規性の検定をおさらいする

正規分布か否かの判定は、図5-12の［記述統計量］ウインドウの［正規確率プロット］をクリックして表示される図5-29のような正規確率プロットで行われてきた。

あるいは、図5-30のヒストグラムの上に表示された正規性の検定がある。正規性の検定は、「母集団が正規分布である」という帰無仮説を検定している。

しかし正規確率プロットを用いるよりも、ヒストグラムとそれに重ね書きされた正規分布で視覚的に判断した後、

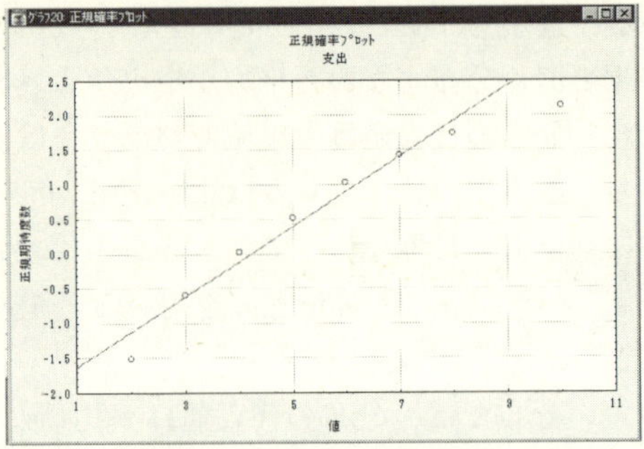

図5-29　正規確率プロット

正規性の検定を参考にすればよい。

K−Sとリリフォースとシャピロ&ウィルクスという3つの正規性の検定が表示されている。p値がいずれも0.05以下なので、帰無仮説は棄却される。すなわち、正規分布でないと判断することになる。これは、背理法の一種である。仮説Aから、結論Bを導いた。しかし、このBが偽なら、

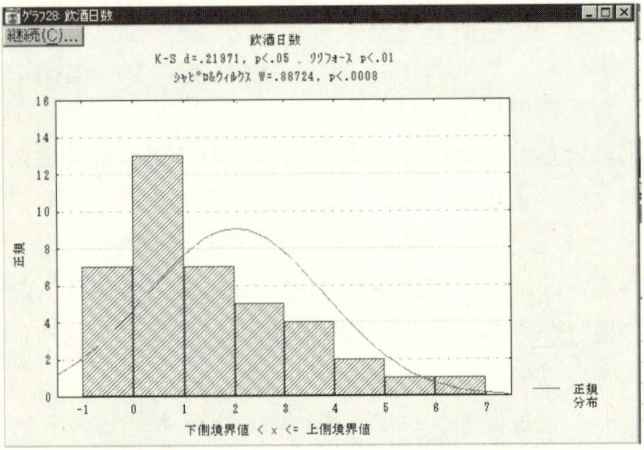

図5-30　ヒストグラムと正規性の検定

Aの仮説が間違いだから起きたと考えるわけである。Bが偽か真かを、p値の値で決めている。

決して標本が間違っていると考えてはいけない。

5・8 基本統計量の解釈

1個の数値変数に含まれる情報、基本統計量は、分布の形状によって体系的に使い分けるコツが分かれば簡単だ。

(1) 基本統計量の分類

図5-31は、詳しい基本統計量である。いよいよ、このすべてを体系的に解釈しよう。この表を体系的に整理すると、以下の表5-9から表5-11にまとめられる。

表5-9は、「分布の代表値」に関係する統計量である。

合計をケース数の40で割って、平均が求められる。この平均と標準誤差から、平均値の95%信頼区間が計算される。

表5-9を見ると、成績では、95%信頼区間は［67.57, 76.93］になる。母平均は、5%は間違う可能性はあるが、この区間にあると推測される。t値は平均/標準誤差で求められるので、72.25/2.31 = 31.28になり、当然母平均は0ではない。母平均が0になるには、t値が2.02（176頁）より小さくなければならなかった。中央値を最後に表示したが、平均値と同じ72.5である。最頻値は表5-1で区間$60 < x \leq$

記述統計 (gakusei9.sta)

継続(C)...	ケース数	平均	信頼限界 -95.000%	信頼限界 +95.000%	中央値	合計	最小値	最大値
性別	40	.4500	.2889	.6111	0.0000	18.000	0.0000	1.0000
成績	40	72.2500	67.5711	76.9289	72.5000	2890.000	40.0000	100.0000
勉強時間	40	4.9750	4.1258	5.8242	5.0000	199.000	1.0000	12.0000
支出	40	4.2500	3.6809	4.8191	4.0000	170.000	2.0000	10.0000
喫煙の有	40	.5000	.3381	.6619	.5000	20.000	0.0000	1.0000
飲酒日数	40	2.0250	1.4617	2.5883	1.5000	81.000	0.0000	7.0000
クラブ活	40	101.1000	100.7251	101.4749	101.0000	4044.000	100.0000	103.0000

図5-31　詳しい基本統計量

80であった。成績に関しては、平均、中央値、最頻値はほぼ等しいと考えてよいだろう。このような場合、平均値を代表値とすればよいだろう。

他の変数も、飲酒日数を除くと、平均と中央値はほぼ同じと考えられる。

性別は質的変数なので、本来基本統計量を考えてはいけない。しかし、0/1の場合、中央値が0ということは50%以上のデータが0であることが分かる。そして平均値0.45から、55%が0で45%が1であることが分かる。質的変数であっても2値の場合は、ダミー変数とすることで数値変数のように扱える。

表5-10は、バラツキを表す統計量である。下側四分位点はQ1、上側四分位点はQ3のことである。範囲、四分位(点)範囲、標準偏差がバラツキを表す3つの統計量である。

成績の範囲は、60点である。この範囲に100%の学生がいることが分かる。四分位(点)範囲は25点で、この範囲に真ん中の50%の学生がいることが分かる。標準偏差は14.63で、

	合計	平均	標準誤差	信頼区間−95%	信頼区間+95%	中央値
性別	18	0.45	0.08	0.29	0.61	0
成績	2890	72.25	2.31	67.57	76.93	72.5
勉強時間	199	4.98	0.42	4.13	5.82	5
支出	170	4.25	0.28	3.68	4.82	4
喫煙有無	20	0.5	0.08	0.34	0.66	0.5
飲酒日数	81	2.03	0.28	1.46	2.59	1.5

表5-9　分布の代表値

もし成績が正規分布であれば［72.25−2.02*14.63，72.25+2.02*14.63］=［42.70，101.80］に95%の学生がいるであろう。1.96ではなく、2.02を使って平均値の95%信頼区間を求めているのは、ケース数が40件の小規模標本であるからだ。2.02はSTATISTICAの確率計算で求めた（176頁参照）。

表5-11は、形状を表す統計量である。歪み度と尖り度の95%信頼区間を考えて、それらが0か否か判断することになる。

	最小値	最大値	範囲	下側四分位点	上側四分位点	四分位点範囲	分散	標準偏差
性別	0	1	1	0	1	1	0.25	0.50
成績	40	100	60	60	85	25	214.04	14.63
勉強時間	1	12	11	3	7	4	7.05	2.66
支出	2	10	8	3	5	2	3.17	1.78
喫煙有無	0	1	1	0	1	1	0.26	0.51
飲酒日数	0	7	7	1	3	2	3.10	1.76

表5-10　バラツキを表す統計量

	歪み度	歪み度の標準誤差	*t* 値	尖り度	尖り度の標準誤差	*t* 値
性別	0.21	0.37	0.57	−2.06	0.73	−2.02
成績	−0.15	0.37	−0.41	−0.22	0.73	−0.90
勉強時間	0.71	0.37	1.92	−0.01	0.73	−0.01
支出	1.10	0.37	2.97	1.54	0.73	2.11
喫煙有無	0.00	0.37	0	−2.11	0.73	−2.09
飲酒日数	1.00	0.37	2.70	0.54	0.73	0.74

表5-11　形状を表す統計量

歪み度の標準誤差は、0.37である。2.02 *0.37は0.7474であるから、支出と飲酒日数の95%信頼区間が正になるので、右に外れ値があることが分かる。もちろん、これらのt値は2.02以上である。

計算すればわかるが、他の変数は歪み度の95%信頼区間が0を含むので0と考えられ、左右対称と考えればよいだろう。尖り度の標準誤差は0.73なので、2.02*0.73は1.4746になる。支出の95%信頼区間が正になるので、右か左か両側のいずれかに外れ値があることになる。成績、勉強時間、飲酒日数の尖り度は0と判定され、大きな外れ値はないと思われる。

性別と喫煙有無の尖り度は負と判定され、裾の短い分布になる。

(2) 量的変数の解釈

成績は、ヒストグラムで、ほぼ正規分布と判定した(図5-13)。正規分布であれば、歪み度と尖り度は0になる。表5-11から、歪み度と尖り度の95%信頼区間を求めると、それぞれ[−0.15−0.7474, −0.15+0.7474]=[−0.90, 1.12]と[−0.22−1.4746, −0.22+1.4746]=[−1.69, 1.25]であり、確かに0を含んでいる。また表5-9の平均値と中央値はほぼ同じであり、表5-1の最頻値の区間($60 < x \leqq 80$)に含まれている。以上から、あらためて正規分布と判断してもよく、代表値は平均の72.25で、バラツキは標準偏差の14.63を考えればよい。

勉強時間は、ヒストグラムから少し右に裾を引いていると判定したが(図5-16)、飲酒日数や支出ほどではなかった。正規分布でないと判定するのに微妙である。表5-11から、歪み度と尖り度の95%信頼区間を求めると、0を含んでいる。表5-9の平均値と中央値はほぼ同じであるが、最頻値の区間（$2 < x \leqq 4$）には含まれていない。以上から、ヒストグラムから少し右に裾を引いていると判断したが、データ数が少ないため正規分布でないと強く判断できない。この場合、代表値は平均の4.975で、バラツキは標準偏差の2.66を考えればよいだろう。

支出は右に長く裾を引いた分布である（図5-17）。表5-11から、歪み度と尖り度の95%信頼区間を求めると、0を含んでいないので、両方とも正と考えられる。表5-9の平均値は4.25、中央値は4とほぼ同じであるが、平均値のほうがわずかに大きい。最頻値は区間$2 < x \leqq 3$で、平均値や中央値より明らかに小さい。以上から、右に裾を引いた分布として判断し、代表値は中央値の4で、バラツキは四分位範囲の2を考えればよい。ただし、世の中には正規分布でしか考えない人が多いので、平均値と標準偏差も併記したほうが無難であろう。

飲酒日数は右に裾を引いた分布と考えられる（図5-18）。表5-11から、歪み度と尖り度の95%信頼区間から、歪み度は正、尖り度は0と考えられる。右に裾を引いているが、支出ほど大きな外れ値がなさそうだ。中央値は1.5なので、1日以下に50%、2日以上に50%いることがわかる。

以上で、量的変数の解釈が終わった。平均値の95%信頼区間は、いずれも正である。もともと正の値しかとらないので、その母平均が0でないと分かっても面白くもない。たとえば、時期をずらして別の試験を実施し、その試験の平均値と差があるか否かを論じるとき、この検討を行えばよい。このように、2つの変数の平均値に差があるかどうかを調べる手法を、従属2標本のt検定という。詳しい説明は巻末参考文献1と2を見てほしい。

(3) ダミー変数の解釈

以下では、質的変数のうち0/1の2値をとるダミー変数の性別と喫煙だけを解釈する。どんなことがあっても、クラブ活動のように3個以上のカテゴリーをもつ質的変数の基本統計量を解釈するようなことをしてはいけない。基本統計量は、もともと量的変数のみに適用できる。

喫煙有無は、平均値と中央値が0.5である。歪み度は0で左右対称、尖り度が負で裾の短い分布である。この変数は、もともと0と1の値しかとらないことを思い出すべきである。平均値が0.5ということは、タバコを吸うものと吸わないものが半々であることを示す。本当は、0のところに0.5そして1のところに0.5の高さをもつ離散分布である。自由度が無限大の場合に［−3, 3］に含まれる確率は正規分布表から0.9974であり、自由度が39の場合はSTATISTICAから0.995313と少し小さめであることが分かる。いずれにしても約99%である（四捨五入して1にするのは問題である）。標準偏差は0.51なので、正規分布であれば、データの99%は［0.5−3*0.51, 0.5+3*0.51］=［−1, 2］に散らばるはずであるが、実際のデータは［0, 1］という狭い区間に全件あることがわかる。これが、裾の狭い分布（尖り度が負）の意味である。

性別の平均値は0.45であるので（表5-11）、0すなわち男性のほうが55%、女性が45%いることが分かる。歪み度は0、尖り度は負である。

40個のデータを単に眺めただけでは、このような見通し

	変動係数
性別	112.0
成績	20.2
勉強時間	53.4
支出	41.9
喫煙有無	101.3
飲酒日数	87.0
クラブ活動	1.2

表5-12　変動係数

はつけにくい。基礎統計量はデータの特徴をとらえる便利な情報化社会の指標である。

(4) 変動係数（Coefficient of Variance、CV）

変動係数は、異なった変数間のデータのバラツキを比較するために用いられる。次の式で表されるように、平均値に対する標準偏差の割合を表す。

CV =（標準偏差）／（平均）＊ 100

この値は無次元（同じ単位で割っているので、単位をもたない）なので、単位がかわっても同じ値になる。例えば、勉強時間は時間単位で計られているが、分表示に直せば、平均値は4.97（時間）から298.2（分）になる。しかし、標準偏差も2.66から159.6になるので、変動係数は53.4と同じである。

また、平均値に対する標準偏差の大きさの百分率表示であるため、異なった変数間で標準偏差の大きさの評価ができる。例えば、飲酒日数は87であり、成績の20.2の約4倍になっている。すなわち、飲酒日数は成績に比べて個人差が大きいと判断できる。ただ、STATISTICAを始め多くの統計ソフトでなぜサポートしていないのか理由は分からない。そこで、手計算したのが表5-12である。

注．経済データの違いを比較する指標として、ジニ係数が用いられる。これも一般の統計ソフトではサポートしていない。

第6章

2変数の相関を調べる

6・1 相関とは

ここでは、2個の量的変数の間に直線的な比例関係があるか否かを、散布図行列で確認し、相関係数の見かたを述べる。そして、2個の変数の間に因果関係があれば、一方の変数で他方の変数を予測する単回帰分析を紹介する。

2個の量的変数間の直線関係は、相関係数（Correlation Coefficients）で把握できる。直線関係とは、一方の変数が増えると他方の変数が比例的に増える（正の相関）か、減る（負の相関）傾向があることを表す。ただし、直線関係があるか否かを散布図で確認しないと、相関係数は間違って解釈しやすいので注意が必要である。

k個の量的変数があれば、2変数の組み合わせは${}_kC_2$（$k*(k-1)/2$）個もある。10変数の場合、$10*9/2=45$個になる。この45の組み合わせに基づく散布図を一覧できる散布図行列を用いれば、直線関係が一度に検討できる。そして、散布図で直線関係を見つけた後、相関行列を検討すればよい。相関行列は、k行k列の表の形に相関係数をまとめたものである。

相関がある変数の組から、それらの変数に因果関係があれば、次に単回帰分析で予測を行うことも考えられる。すなわち、散布図と相関係数は、回帰分析の入り口でもある。

注．単回帰分析は、原因と考える変数（説明変数x）の1次式$a+bx$で、結果と考える変数（目的変数y）を予測（$\hat{y}=a+bx$）することだ。

6·2 便利な散布図行列

散布図行列は、パソコンの能力が上がってから、利用が可能になった便利なグラフ機能である。数多くある2変数の組み合わせの散布図を一度に検討し、2変数間の直線関係が発見できる。

(1) [ピアソンの積率相関] ウインドウ

[基本統計/集計表] から [相関行列]-[OK] を選ぶと、図6-1の [ピアソンの積率相関] ウインドウが立ち上がる。

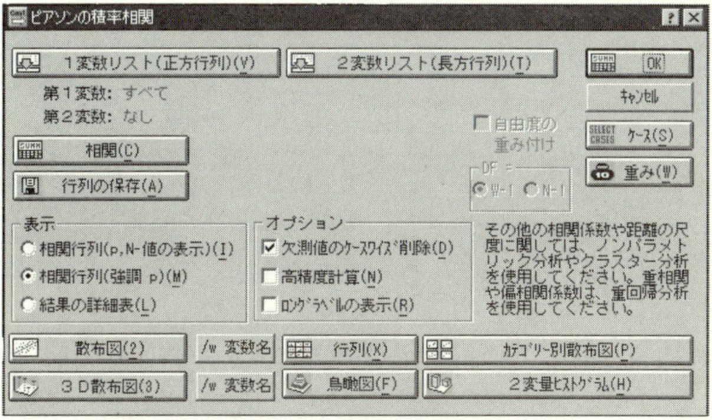

図6-1 [ピアソンの積率相関] ウインドウ

相関係数には、主なものが3つある。ピアソンの積率相関はその中で一番よく用いられ、単に相関係数と呼ばれることが多い。本書では、これだけを紹介する。

[1変数リスト] をクリックすると、[変数を指定] ウインドウが現れるので [すべて選択]-[OK] をクリックする。ここで指定した変数は、行と列の両方に用いられる。[2変数リスト] では、行と列に用いる変数を別々に指定する。この指定は、あまり用いられない。

(2) 散布図行列

次に、［ピアソンの積率相関］ウインドウの下にある［行列］をクリックすると、図6-2の［散布図行列］が表示される。

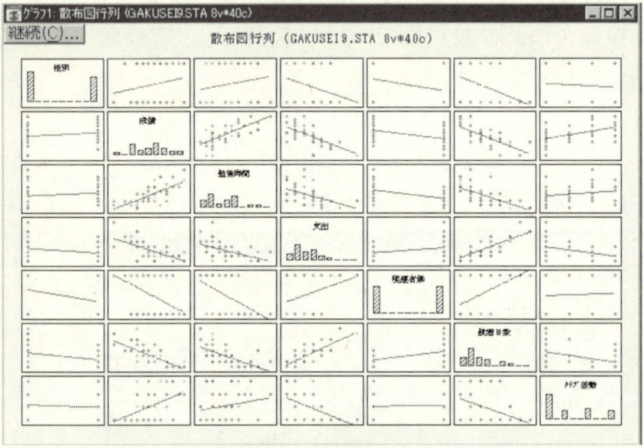

図6-2　［散布図行列］

1行1列から7行7列の対角要素には、指定した変数の棒グラフが性別、成績、勉強時間、支出、喫煙有無、飲酒日数、クラブ活動の順に表示されている。

2行3列目にある散布図は、2番目の変数“成績”を縦軸に、3番目の変数“勉強時間”を横軸にとった散布図である。他の散布図も、このように解釈すればよい。3行2列目にある散布図は、3番目の変数“勉強時間”を縦軸に、2番目の変数“成績”を横軸にとった散布図である。2行3列の散布図とは、縦軸と横軸に用いられる変数が交換されている。

性別、喫煙有無、クラブ活動のような質的変数は、一般的には量的変数の関係を表示する散布図に用いない。しかし、喫煙有無に関係する5列を見ると、タバコを吸う学生は成績が悪く（2行5列）、勉強時間が少なく（3行5列）、支出（4行5列）と飲酒日数（5行5列）が多いことが直線の傾きから分かる。

2行7列の散布図から、クラブ活動は、たまたま野球部、柔道部、その他、英会話の順に成績の平均値が高くなっていることが読み取れる。

すなわち、各カテゴリーに数値を与えることで、カテゴリーを並べ替えて現象をうまく説明するのが数量化である。

ここでの目的は、成績が他の変数からどんな影響を受けているかを見ることにあった。このような場合、成績を縦軸に、他の変数を横軸にとった散布図を検討すればよいので、2行目の散布図を中心に検討する。

2行3列の散布図から、勉強時間が増えれば成績が上がるという、直線関係が認められる。右上がりの直線関係があれば、相関係数は正になる。2行4列の散布図から、支出が増えれば成績が下がるという、直線関係が認められる。右下がりの直線関係があれば、相関係数は負になる。2行6列の飲酒日数とも負の相関があることが分かる。

勉強時間と支出と飲酒日数の間には、次の関係がある。勉強時間と支出、勉強時間と飲酒日数には、負の相関がある。支出と飲酒日数は、正の相関がある。

6・3 相関係数を調べる

重要ポイント 散布図行列で直線関係を見つけた後、相関係数を検討すれば、相関係数の解釈は間違わない。相関係数だけで判断すると、思わぬ間違いをすることが多い。

(1) 相関係数とは何？

散布図行列を調べた後、相関係数を一覧する相関行列を検討し、どの2変数間に直線関係が認められるか最終的に決定しよう。

相関係数は次のような式になる。

$$r=\frac{x\text{と}y\text{の共分散}}{(x\text{の標準偏差}*y\text{の標準偏差})}$$

$$=\frac{\Sigma(x_i-m_x)(y_i-m_y)/(\mathrm{n}-1)}{\sqrt{\Sigma(x_i-m_x)^2/(\mathrm{n}-1)}\sqrt{\Sigma(y_i-m_y)^2/(\mathrm{n}-1)}}$$

$$=\frac{\Sigma(x_i-m_x)(y_i-m_y)}{\sqrt{\Sigma(x_i-m_x)^2}\sqrt{\Sigma(y_i-m_y)^2}}$$

分子はxの偏差とyの偏差の積和を自由度で割ったものであり、共分散といわれる。分母は、xの標準偏差とyの標準偏差の積である。分母と分子に自由度をかけると、xとyの偏差だけの式になる。ここでも、xとyの偏差が表れる。

相関係数rは、$-1 \leqq r \leqq 1$の関係があることはすでに述べた。xとyの2変数間に直線関係が成立すれば、$r=1$ま

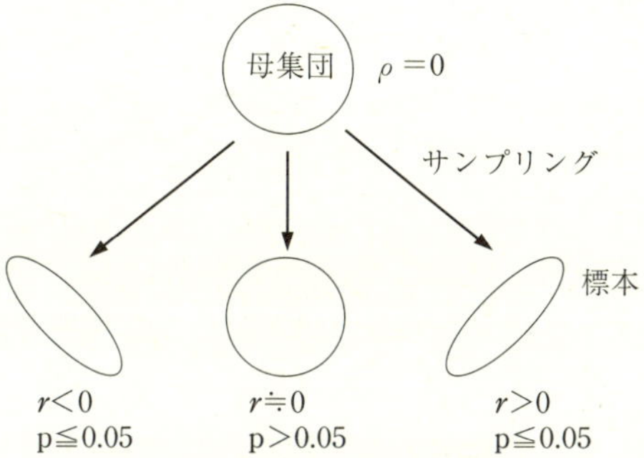

図6-3　母集団と標本の関係

たは−1になる。

(2)　相関係数の帰無仮説

標本相関係数を計算して、それから何が分かるのだろうか。図6-3のように母集団で、2個の変数が無相関であったと仮定する。これが帰無仮説である。無相関、すなわち相関がないとは、xが増えてもyが比例的に増えたり、減ったりしないことを意味する。一番分かりやすいのは、図6-3の中央のように円状に分布している状態を考えればよい。

この母集団からサンプリングすると、おおよそ図のように、負の直線傾向、無相関、正の直線傾向のいずれかのタイプになるであろう。例によって母集団が無相関であると仮定して、これらの標本が得られる確率を計算する。これが、相関係数のp値である。母集団が無相関であれば、標本も無相関になる確率は大きくなる。そして、正や負の直線傾向が明らかになるほど、そのような標本が現れる確率は小さくなるはずだ。

この判断をp値が5%（1%）以下か以上かで判断するこ

とになる。5%（1%）以下であればまれな事象であるので、それは帰無仮説が間違っていると考え、母集団が無相関であるという仮説は否定する。0.05以上であれば、いちおう母集団の仮説を肯定し、無相関と考える。

(3) 間違った相関係数の解釈

相関係数rに関しては、間違った解釈がある。

統計ソフトを使うことを前提としない解説書では、相関係数の絶対値が0.7以上であれば強い相関、0.3以下であれば無相関というような基準が示してある。これは、もう時代遅れの解釈だ。

図1-11で説明したように、p値が0.05になる相関係数をr_1と$-r_1$とする。$-1 \leqq r \leqq -r_1$であれば、負の相関と判定すれば良い。$-r_1 < r < r_1$であれば無相関、$r_1 \leqq r \leqq 1$であれば正の相関と考えればよい。例えば、相関係数0.3のp値が0.05であったとする。この場合、$-1 \leqq r \leqq -0.3$であれば、負の相関と判定すればよい。$-0.3 < r < 0.3$であれば無相関、$0.3 \leqq r \leqq 1$であれば正の相関と考えればよい。

p値が0.05に対応した$|r_1|$は、標本のケース数が少なければ1に近づき、ケース数が多くなれば0に近づく。すなわち、ケース数が多くなれば小さな相関係数でも相関を認め、ケース数が少なければ大きな相関係数でも相関を認めない、ことになる。このように、相関係数の絶対値だけでは判断できないのだ。

(4) 相関係数を求める

図6-1の［ピアソンの積率相関］ウインドウで、［表示］欄から［相関行列（p, N－値の表示)］をチェックし［相関］をクリックすると、図6-4の相関行列が表示される。

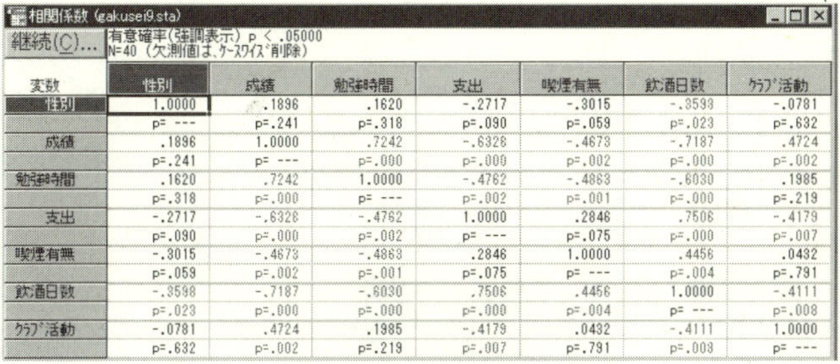

相関係数 (gakusei9.sta)

継続(C)… 有意確率(強調表示) p < .05000
N=40 (欠測値は、ケースワイズ削除)

変数	性別	成績	勉強時間	支出	喫煙有無	飲酒日数	クラブ活動
性別	1.0000	.1896	.1620	-.2717	-.3015	-.3593	-.0781
	p= ---	p=.241	p=.318	p=.090	p=.059	p=.023	p=.632
成績	.1896	1.0000	.7242	-.6328	-.4673	-.7187	.4724
	p=.241	p= ---	p=.000	p=.000	p=.002	p=.000	p=.002
勉強時間	.1620	.7242	1.0000	-.4762	-.4863	-.6030	.1985
	p=.318	p=.000	p= ---	p=.002	p=.001	p=.000	p=.219
支出	-.2717	-.6328	-.4762	1.0000	.2846	.7506	-.4179
	p=.090	p=.000	p=.002	p= ---	p=.075	p=.000	p=.007
喫煙有無	-.3015	-.4673	-.4863	.2846	1.0000	.4456	.0432
	p=.059	p=.002	p=.001	p=.075	p= ---	p=.004	p=.791
飲酒日数	-.3598	-.7187	-.6030	.7506	.4456	1.0000	-.4111
	p=.023	p=.000	p=.000	p=.000	p=.004	p= ---	p=.008
クラブ活動	-.0781	.4724	.1985	-.4179	.0432	-.4111	1.0000
	p=.632	p=.002	p=.219	p=.007	p=.791	p=.003	p= ---

図6-4　相関行列

ここでいう「p」はもちろんp値のことであり、「N－値」というのは、ケース数から欠測値を差し引いたケース数のことである（図5-24参照）。

図6-4は、図6-2の7行×7列の散布図に対応している。2行3列には、成績と勉強時間の相関係数0.7242とp値の.000（すなわち0）が表示されている。画面ではわかりにくいかもしれないが、p値が5%以下の場合（これを有意確率という）、相関係数とp値は赤く表示される。5%以上の場合、相関係数とp値は黒く表示される。

図6-1の［ピアソンの積率相関］ウインドウの［表示］欄から［相関行列（強調）］をチェックすると、p値の値が表示されない。［結果の詳細表］は後で紹介するが、すべての組み合わせの単回帰式を出力する。

今回のように、散布図行列でいちおう直線傾向が認められる場合は、相関係数の解釈を間違う問題は生じない。しかし、データに曲線的な傾向があったり、いくつかのグループに分かれている場合は、相関係数をp値の値で機械的に判断してはいけない。

注. データに欠測値がないので、図6-4の継続ボタンの右横にケース数N＝40が表示される。デフォルトでは欠測値のあるケースは、計算に用いられないので、それを省いた件数が表示される。これを、ケースワイズ削除という。これに対して、2変数の少なくとも一方に欠測値がある場合、個々の相関係数の計算でそのペアを省く計算法を、ペアワイズ削除という。

6·4 相関係数の解釈

図6-1の［ピアソンの積率相関］ウインドウの下にある［散布図］をクリックし、［縦軸、横軸に対応する2変数を選択］で図6-5のように勉強時間と成績を指定し［OK］する。

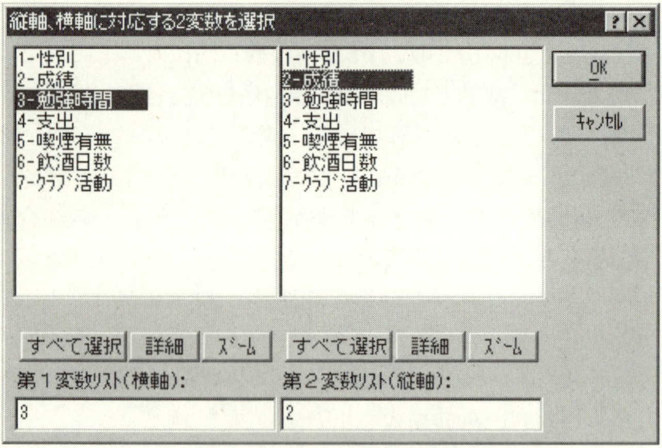

図6-5 ［縦軸、横軸に対応する2変数を選択］

これによって、図6-6の散布図が表示される。

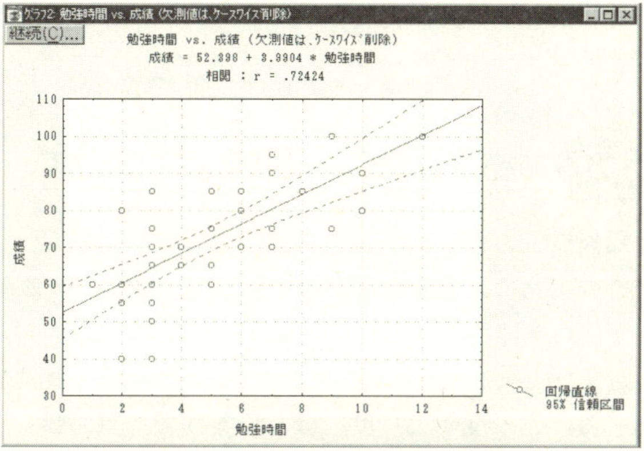

図6-6　成績と勉強時間の散布図

相関係数のｐ値は、母集団が無相関であるという帰無仮説を検定するのに用いる。図6-4の相関行列を見ると、2行3列あるいは対角線をはさんで対称な3行2列の成績と勉強時間の相関係数は0.7242でｐ値は0.000と表示されている。図6-6の散布図は、無相関と仮定した母集団から学生を40人サンプルした標本と考えるわけだ。無相関の母集団から、このような右上がりの直線傾向を示す散布図が得られる確率は、きわめて小さいはずだ。

図6-4にある相関係数の下のｐ値は、帰無仮説からこのような散布図が得られる確率の値を表している。統計が難しいのは、このｐ値の計算方法であって、それを利用するだけであればきわめてやさしい。この値が、0.05より小さな値なので、非常にまれなことが起こったと考える。その原因は、標本に問題があるのではなく、母集団を無相関と仮定したことに問題があると考えるわけだ。すなわち、標本が図6-6のように右肩上がりの正の直線相関を示すな

ら、母集団も正の直線相関を示すに違いないと推測するわけだ。

6・5 帰無仮説の一般的なロジック

(1) 帰無仮説のステップ

統計の実務の達人になるには、母集団で考えている帰無仮説が何かを押さえて、p値の扱いに習熟することである。

①母集団で何を仮定しているか、すなわち帰無仮説を理解する。歪み度や尖り度では、母集団でそれらは0と仮定することが多い。なぜなら0かどうかが分かると、分布の形状が分かるからである。分布に関しては、母集団では正規分布であると考える。正規分布か否かで、用いる基本統計量が異なってくる。相関係数では、無相関と考え、正の相関、負の相関、無相関を判断することになる。

②p値(今得られている標本が、帰無仮説から出現する確率)が小さければ、帰無仮説に問題があると考え、帰無仮説を受け入れない(棄却する)。

③p値が0.05(や0.01)以上であれば、帰無仮説をいちおう受け入れる(棄却しない)。ただし、ケース数を増やしていけば、標準誤差が小さくなり、そのうち棄却される。ケース数を増やすかどうかの判断は、さらにデータを得るためのコストと、その結果仮説を棄却するという結果が得られることのメリットを比較検討すればよい。

(2) ケース数と95%の信頼区間の関係

例えば、平均値の標準誤差は$SD/\sqrt{n}$で表される。データが100件であれば、標準誤差は標準偏差の1/10になる。

1万件あれば1/100になる。これによって、ケース数が多くなれば95%の信頼区間が狭くなり、ほぼ標本平均値のmに収束してしまう。推測統計学では、mは母平均μの点推定と言われ、95%信頼区間を区間推定と言っている。ケース数が増えると、母平均の推定精度が上がってくるわけだ。信頼区間がはじめ0を含んでいたとしても、やがて0を含まなくすることができる。ケース数を増やせば、やがて母平均は0でないと判断することになる。

これと同じく相関係数でもケース数が増えれば、相関が0と判定される区間は狭くなっていき、小さな相関係数の値でも無相関でなくなる。

以上から、相関係数ではp値が0.05以下のものを正か負の相関があると考えればよい。

(3) 結論

以上の検討で、勉強時間が多いほど、あるいは、支出や飲酒日数が少ないか喫煙しないほど、成績がよいと言える。

6·6 単回帰分析

(1) 単回帰分析

図6-6の散布図に描き込まれた直線は、回帰分析で得られる単回帰式になっている。単回帰分析は、目的変数yの値を、説明変数xの一次式（a+bx）で予測しようとする手法だ。aは定数項あるいはy切片、bは回帰係数と呼ばれる。

図6-6の上にあるように、次の単回帰式が得られた。52.398が定数項であり、3.9904が勉強時間の回帰係数である。

成績（の予測値）= 52.398+3.9904＊勉強時間

勉強時間が10時間の学生は、52.398+3.9904＊10 = 92.302点が成績の予測値である。10時間勉強する学生は2人おり、90点と80点であり、予測値より低い。実際の成績から予測値を引いたものは誤差（error、e）とか残差（residual、*r*）と言い、次の式で表される。すなわち、残差は予測値を平均と考えれば一種の偏差である。

残差＝成績の実測値－成績の予測値

図6-6の回帰直線の上下に描かれた破線は95%の信頼区間であり、それをはみ出す外れ値は、全体の5%（2人）程度であってほしいが、かなりの学生がはみ出している。予測としては、あまり望ましくはない。

ここで重要なことは、「散布図や相関係数は、回帰分析の入門である単回帰分析と同じ情報を提供している」ということである。

(2) すべての単回帰分析を一度に行う

図6-1の［ピアソンの積率相関］ウインドウの［表示］欄で［結果の詳細表］を選択し［相関］をクリックすると、図6-7の分析結果が表示される。

相関係数 (gakusei9.sta)

継続(C)... 有意確率(強調表示) p < .05000
(欠測値は、ケースワイズ削除)

変数 X & 変数 Y	平均	標準偏差	r(X,Y)	r^2	t-値	p	N	定数 従属: Y
性別	.4500	.50383						
性別	.4500	.50383	1.000000	1.000000	--	--	40	0.000
性別	.4500	.50383						
成績	72.2500	14.63005	.189584	.035942	1.19026	.241328	40	69.773
性別	.4500	.50383						
勉強時間	4.9750	2.65530	.161954	.026229	1.01171	.318076	40	4.591
性別	.4500	.50383						
支出	4.2500	1.77951	-.271689	.073815	-1.74027	.089906	40	4.682
性別	.4500	.50383						

図6-7　詳細な相関表の一部

2行ずつがペアになり、上の変数をx、下の変数をyと考えている。すなわち、このペアにつき1つの単回帰式と相関係数が導かれるわけだ。

最初の14行は、図6-4の相関行列の1行目にある7個の相関係数に対応している。図6-7の1行目（性別）と2行目（性別）は、相関行列あるいは散布図行列における1行1列目の性別の相関係数1に対応している。3行目（性別）と4行目（成績）は、相関行列あるいは散布図行列の1行2列目と2行1列目の性別と成績に対応している。この2行では、性別がx、成績をyと考えている。

この図の15行目から28行目を書き直して読みやすくしたのが表6-1である。

表6-1の5行と6行は、相関行列の2行3列と3行2列の成績（x）と勉強時間（y）に対応している。

2列目と3列目は、この2変数の平均と標準偏差である。4列目の$r(X,Y)$は、相関係数が0.72であることを表す（もちろんrは相関係数のrである）。r^2は、rを自乗したもの

	平均	標準偏差	r(*x*,*y*)	r^2	*t*−値	p	N	定数 従属:*y*	傾き 従属:*y*	定数 従属:*x*	傾き 従属:*x*
成績 性別	72.25 0.45	14.63 0.50	0.19	0.04	1.19	0.24	40	−0.02	0.01	69.77	5.51
成績 成績	72.25 72.25	14.63 14.63	1.00	1.00			40	0.00	1.00	0.00	1.00
成績 勉強	72.25 4.98	14.63 2.66	0.72	0.52	6.47	0.00	40	−4.52	0.13	52.40	3.99
成績 支出	72.25 4.25	14.63 1.78	−0.63	0.40	−5.40	0.00	40	9.81	−0.08	94.36	−5.20
成績 喫煙	72.25 0.50	14.63 0.51	−0.47	0.22	−3.26	0.00	40	1.67	−0.02	79.00	−13.50
成績 飲酒	72.25 2.03	14.63 1.76	−0.72	0.52	−6.37	0.00	40	8.28	−0.09	84.34	−5.97
成績 クラブ	72.25 101.1	14.63 1.17	0.47	0.22	3.30	0.00	40	98.36	0.04	−523.79	5.90

表6-1　詳細な相関表の一部

であり、決定係数と呼ばれている。t-値とp値から、回帰係数が0か否かを判定できる。Nはケース数である。

11列と12列は、すでに見た通り成績（x）を勉強時間（y）で単回帰した回帰式の定数項（52.398）と勉強時間の回帰係数（3.9904）である。すなわち、

$$成績 = 52.398+3.9904 * 勉強時間$$

である。

9列と10列は、この2変数の役割を交換した次の単回帰式を表す。

$$勉強時間 = -4.52+0.13*成績$$

すなわち、成績が100点の学生は、勉強時間が$-4.52+0.13*100 = -4.52+13 = 8.48$（時間）であると予測される。ただし、成績（原因）で勉強時間（結果）を予測することにあまり意味はない。予測を考える場合、因果関係があるか否かが重要である。

詳細な相関表を使って、指定した変数のすべての単回帰式が分かる。ただし、回帰分析による予測は、2変数の間に因果関係、すなわち一方の変数が原因で、他の変数がその結果得られる場合のみ有効である。

6·7 分散分析表と回帰係数の検定

BLUE BACKS版のSTATISTICAの問題点は、多変量解析の手法が省かれている点である。STATISTICAの商用版では、次の表6-2の分散分析表と表6-3の回帰係数が出力される。dfは自由度、平均平方和は表1-9では分散と紹介してきたが、偏差平方和の平均の意味であろう。この表の見かたはもうお分かりだろう。回帰の分散4378.426を残差の分散104.4493で割ったものがF値41.92である。

	平方和	df	平均平方和	F（p－値）
回帰	4378.43	1	4378.426	41.92（0.00）
残差	3969.07	38	104.449	
合計	8347.50	39	214.592	

表6-2　分散分析表

分散分析表のp値が0.05以上であれば、母回帰係数が0と推測される。すなわち、勉強時間では成績が予測できないので、これ以上分析する必要がない。

このデータは、p値が0.05以下なので、次に進んで表6-3の回帰係数の検定を行うことになる。

	β	標準誤差 β	B	標準誤差B	t（値）	p－値
切片			52.40	3.47	15.10	0.00
勉強時間	0.72	0.11	3.99	0.62	6.47	0.00

表6-3　回帰係数

βは標準回帰係数といって、各説明変数のデータを、平均が0で標準偏差を1に変換して分析した場合の回帰係数である。Bが通常の回帰係数であり、52.40が定数項、3.99が勉強時間の回帰係数である。

切片（定数項）は52.40でその標準誤差は3.47であるから、定数項の95%信頼区間［52.4−2.02＊3.47，52.4+2.02＊3.47］は0を含んでいない。すなわち、定数項は正である。あるいは、定数項を標準誤差で割った値（t値という）を計算すると15.12になる

$$t\text{値} = 52.40/3.47 = 15.10$$

t値が意味することは、標本定数項は0から標準誤差の15.10倍離れたところにあり、2.02より大きいので0でないと推測するわけである。同様に、勉強時間の標本回帰係数は3.99であり標準誤差は0.62である。回帰係数の95%信頼区間あるいはt値から回帰係数は0でないと推測できる。

説明変数が1個の場合を単回帰分析というが、この場合には分散分析表のＦ値の検定と回帰係数のt検定は同じことを表す。説明変数が2個以上ある重回帰分析では、分散分析表では定数項を除くすべての回帰係数が0という帰無仮説を行う。

分析分析表のｐ値が0.05以上であればすべての回帰係数は0と判断し、そこで分析を終了する。ｐ値が0.05以下であれば、少なくとも1つの回帰係数が0でないと判断する。そして、回帰係数のt検定で個々の回帰係数と定数項が0か否かを判定することになる。

6・8 回帰分析の意味

STATISTICAのBLUE BACKS版では、回帰分析の詳細な統計量は出力できない。しかし、以下のグラフでもって、得られた回帰式に意味があるか否かを理解できる。

(1) 3次元の鳥瞰図を描いてみよう

図6-1の［ピアソンの積率相関］ウインドウの下にある［鳥瞰図］を選ぶと、データによく合う曲面が表示される。しかし、データによく合う平面などの自由な指定を行いたいので、図6-8のようにメニューから［グラフ］－［3D統計XYZグラフ］－［鳥瞰図］を選ぶ。

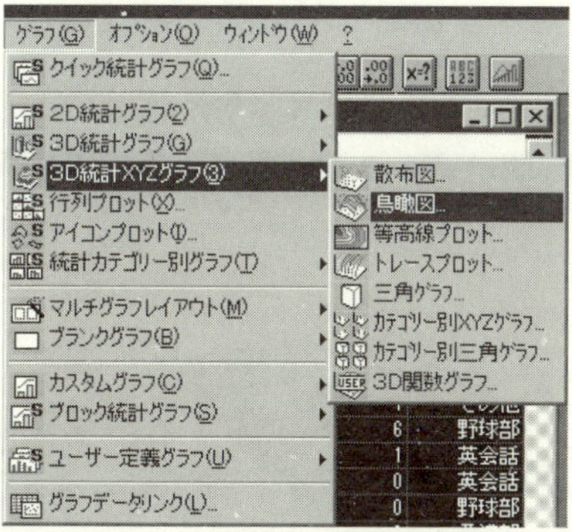

図6-8 ［グラフ］－［3D統計XYZグラフ］－［鳥瞰図］

次に、図6-9の［3D鳥瞰図］の［変数］で、X－、Y－、Z－として、勉強時間、支出、成績を選ぶ。［あてはめ］欄は、［線形平滑化］のまま［OK］する。［ピアソンの積率相関］ウインドウでは、この［あてはめ］欄のような指定は行えない。

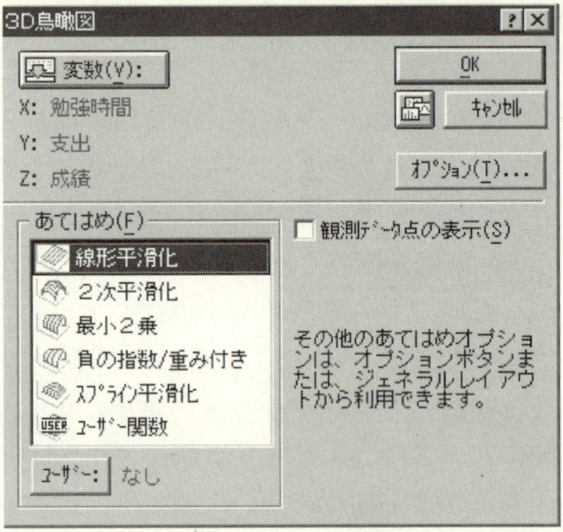

図6-9 [3D鳥瞰図]

すると図6-10の3次元鳥瞰図が現れる。

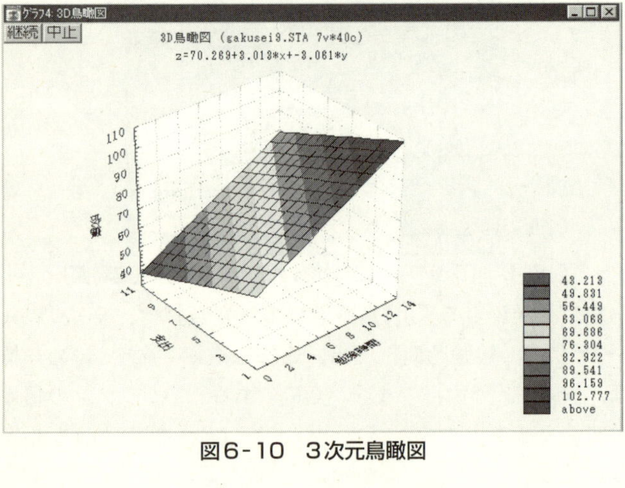

図6-10 3次元鳥瞰図

図6-10の上にある式は、成績を勉強時間と支出の2個の

説明変数で重回帰した式である。この回帰式は図の斜めになった平面になる。勉強時間の回帰係数が3.013と正なので、勉強時間が増えれば成績もよくなることを示す。支出の回帰係数は−3.061と負なので、支出が大きくなるにつれ成績は悪くなることを示している。

成績の予測値＝70.269+3.013*勉強時間−3.061*支出

$\hat{z} = a + b_1 * x + b_2 * y$

勉強時間が10時間で支出が10万円の学生の成績は、

成績の予測値＝70.269+3.013*10−3.061*10
＝70.269+30.13−30.61
＝69.789（点）

と予測（期待）できる。

回帰分析の帰無仮説は、回帰係数がすべて0（$b_1 = b_2 = 0$）であることを仮定している。そして、1章で紹介した分散分析表で検定を行う。回帰分析の分散分析表は、BLUE BACKS版では出力できないが、図6-10が分散分析表を説明するグラフである。支出が少ないほど、勉強時間が多いほど、成績がよくなることが分かる。よって、多分$b_1 = b_2 = 0$でなく、仮説を否定することになる。

逆に$b_1 = b_2 = 0$であれば、回帰分析に意味がない、すなわち予測がうまくいかないことを表す。この場合、回帰平面に傾きがなく、説明変数がどのように変化しようとも予測値が一定であることに対応する。

(2) 観測データを予測平面にあてはめてみる

図6-9の［3D鳥瞰図］で、［観測データ点の表示］を選

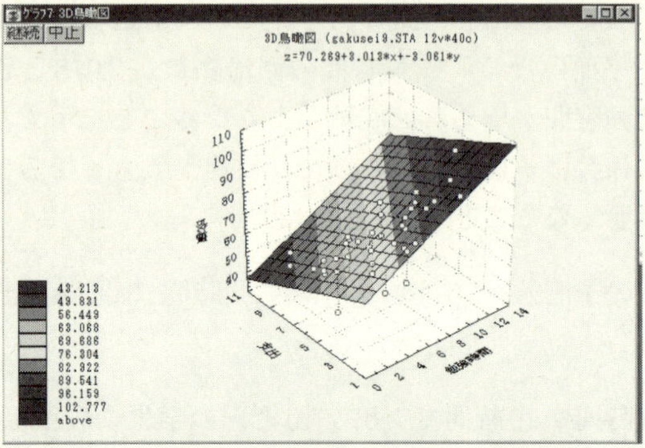

図6-11　3次元鳥瞰図（観測データの表示）

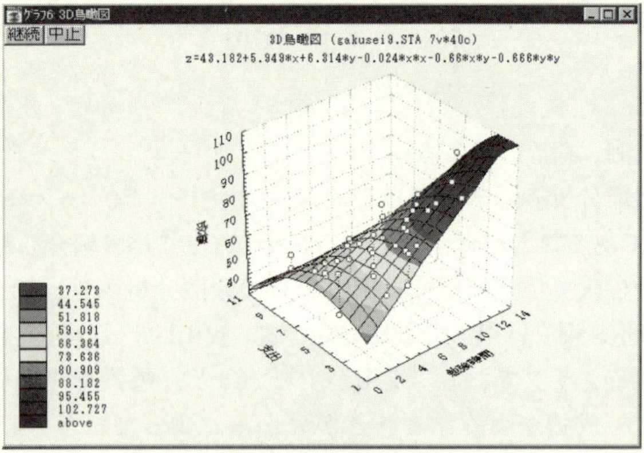

図6-12　3次元鳥瞰図（2次平滑化）

んで［OK］すると、図6-11のように回帰平面に実際のデータを表す点が重ね書きされる。

平面と○で表された実際の値との差が残差である。これが小さいほど、予測がうまくいくことを表す。

(3) 2次平滑化

あるいは、［あてはめ］で［2次平滑化］を選ぶと、図6-

12のように説明変数の2次項を含む複雑な回帰曲面がデータにあてはめられる。

この図から、勉強時間が同じ学生では、支出が上に凸の2次曲線になる。すなわち、中ぐらい支出するほうが、成績がよいという傾向が読み取れる。

以上のように、2個の説明変数に限られるが、鳥瞰図によって重回帰分析の概略を理解できる。

(4) 回帰分析が意味のない例

図6-13は、成績 (z) を性別 (x) と喫煙有無 (y) で回帰したものである。2個の説明変数がいずれも0/1のダミー変数であり、回帰分析としてはあまり望ましい例ではない。ただ、回帰分析が意味のない例として用いた。平面が $x-y$ 平面とほぼ平行あるいは成績の値がほぼ一定である。すなわち、x と y が変わっても z の値の予測に意味がないことを表す。

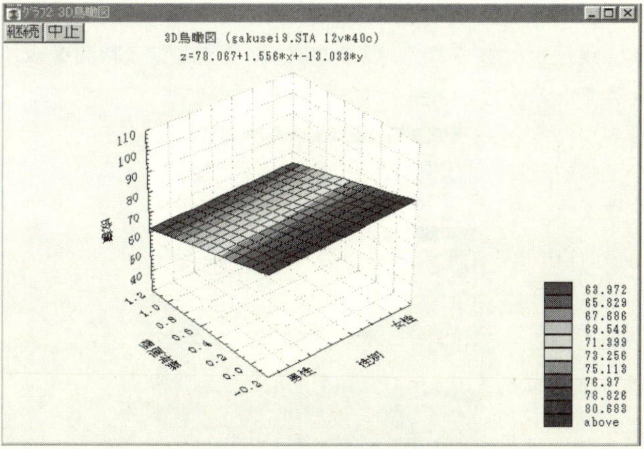

図6-13 回帰分析が意味のない例

6・9 残差の検討

多くの統計書では、得られた回帰式の良し悪しは、分散分析表や決定係数γ^2で判定することが紹介されている。それよりも残差が、正規分布であるか否か、すなわち大きな外れ値がないかを検討したほうが実践的である。

(1) 残差を計算してみよう

図6-6（207頁）の単回帰式は次の通りであった。

成績(の予測値)＝52.398+3.9904*勉強時間

残差は、次の式で表される。

残差＝成績－(52.398+3.9904*勉強時間)

図3-10のメニューから［変数］－［追加］を選んで、図6-14のように新しい変数“残差”をクラブ活動の後に作る。そして下のテキストボックスに、残差の計算式（＝V2−52.398−3.9904*V3）を図のように入れて［OK］すると、残差が計算される。V2は成績、V3は勉強時間を表す変数である。この残差はV8になる。

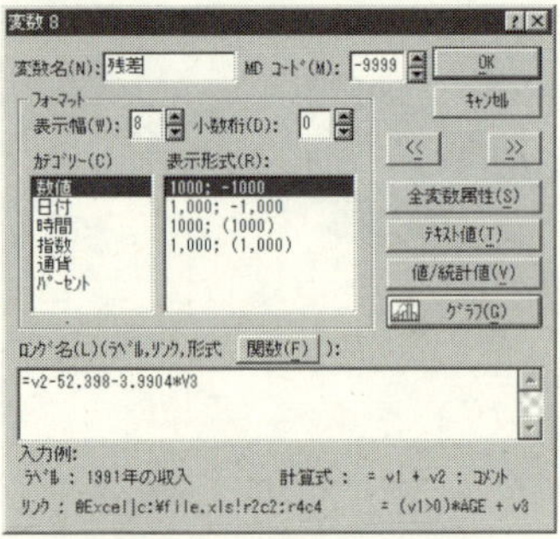

図6-14　残差の計算

(2) 残差のヒストグラム

図5-12（148頁）の［ヒストグラム］をクリックすると、図6-15の残差のヒストグラムが表示される。これを検討すると、正規分布であり、大きな外れ値がない。また、基本統計量を検討してもそれが確認できる。すなわち、図6-6で得られた回帰モデルはそれほど悪くなさそうだ。

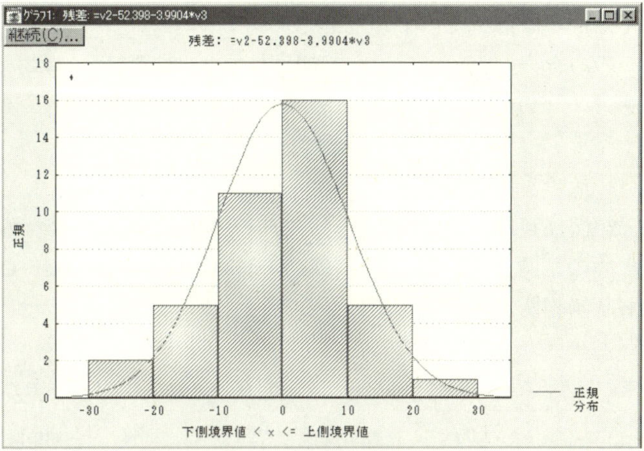

図6-15 残差のヒストグラム

課題：実は、この残差データの基本統計量で次のことを検討してみてほしい。

(1) 歪み度や尖り度の95%信頼区間は、きっと0を含んでいるであろう。正規性の検定は3つとも棄却されない。

(2) 平均値の95%信頼区間は0を含んでおり、平均値が0のt検定は棄却されない。すなわち、母平均は0と考えられる。

以上は、回帰モデルの理論的前提として、残差は平均が

0の正規分布になることを仮定している。大きな外れ値があるような場合は、回帰モデルとして改善する必要がある。

6・10 相関係数の注意点

本書で用いているデータは、素直なデータであるので、相関分析で散布図行列を事前に検討することの重要性がよく分からない。そこで、統計の世界で有名な、フィッシャーのあやめのデータを用いて補足したい（巻末参考文献2）。

注．『パソコン楽々統計学』は、このあやめのデータを用いている。このデータは、本書のCD-ROMのExamplesフォルダにiris.staとして保存してある。

(1) 危険な相関係数

相関係数は、散布図を検討しないと危険である。次のあやめの相関行列から、がく片とがく片幅のみが$p = 0.15$であり無相関であることが分かる。

	がく片	がく片幅	花びら	花びら幅	あやめ
がく片	1.00 p=－－	−0.12 p=0.15	0.87 p=0.00	0.82 p=0.00	0.78 p=0.00
がく片幅	−0.12 p=0.15	1.00 p=－－	−0.43 p=0.00	−0.37 p=0.00	−0.43 p=0.00
花びら	0.87 p=0.00	−0.43 p=0.00	1.00 p=－－	0.96 p=0.00	0.95 p=0.00
花びら幅	0.82 p=0.00	−0.37 p=0.00	0.96 p=0.00	1.00 p=－－	0.96 p=0.00
あやめ	0.78 p=0.00	−0.43 p=0.00	0.95 p=0.00	0.96 p=0.00	1 p=－－

表6-4　あやめの相関行列

(2) 最初に散布図行列を検討しよう

しかし、次の散布図行列を見ると、データが2つのグループに分かれている。無相関であった1行2列の散布図は、実は左上と右下の2つのグループに分けると、2つとも正の直線関係にあることが分かる。

1行3列、1行4列、3行4列の散布図では、右側にあるグループはいずれも正の直線相関があるが、左側にある小さなグループは無相関のように思われる。

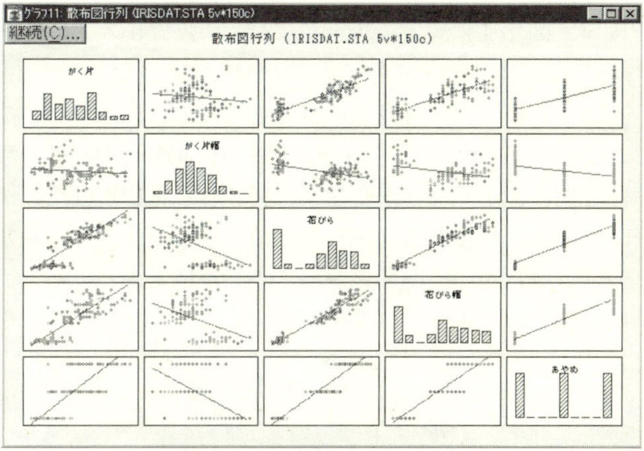

図6-16　あやめの散布図行列

(3) ケースの選択

次に、図6-1で［ケース］を選んで、次の図6-17で、“V5＝1”という条件を入れて、［OK］する。この操作で、V5＝1に対応したセトナの50件が選択される。V5は、5番目のあやめの種別を表す変数であり、1がセトナ、2がバーシクル、3がバージニカである。

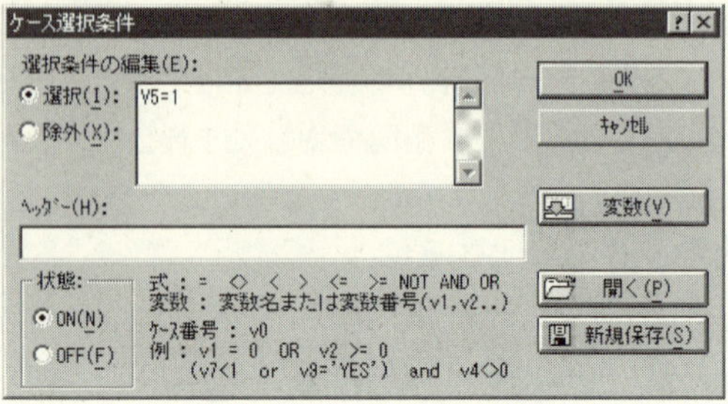

図6-17　[ケース選択条件]

再び、図6-1に戻るので、ここで［1変数リスト］をクリックし、［あやめ］を除く変数を選択する。そして、［表示］欄にある［相関行列（P,N-値の表示）］を選ぶ。ここで、［相関］をクリックすると、表6-5の相関行列が得られる。今度は、がく片とがく片幅、花びらと花びら幅だけが棄却される。すなわち、がく片とがく片幅、花びらと花びら幅には何らかの相関関係があることが窺えるわけだ。これは先ほどの表6-4の結果と比較すると、花びらと花びら

	がく片	がく片幅	花びら	花びら幅
がく片	1.00 p=－－－	0.74 p=0.000	0.27 p=0.061	0.28 p=0.051
がく片幅	0.74 p=0.000	1.00 p=－－－	0.18 p=0.217	0.28 p=0.104
花びら	0.27 p=0.061	0.18 p=0.217	1.00 p=－－－	0.33 p=0.019
花びら幅	0.28 p=0.051	0.23 p=0.104	0.33 p=0.019	1.00 p=－－－

表6-5　セトナの相関行列

幅以外は驚くことに結果が逆になる。

このことは、図6-18の散布図行列でも確認できる。すなわち、散布図行列でデータに直線関係がある場合のみ、ピアソンの相関係数は意味がある。

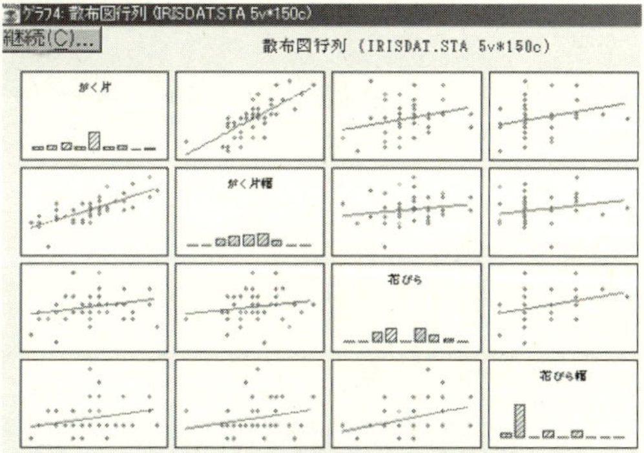

図6-18　セトナの相関行列

注．相関係数には、ピアソンの相関係数以外に順位相関と呼ばれるものもある。データが直線関係でなく、単調増加（xが大きくなれば、yも大きくなるかそのままであるような傾向）あるいは単調減少（xが大きくなれば、yも小さくなるかそのままであるような傾向）であるものを表す。元のデータを1からnまでの順位に直し、ピアソンの相関係数を表す式に代入すればよい。

統計学の専門家にならない限り、この程度の理解でよい。わざわざ順序統計量などの式の詳細に頭を悩ませることもないだろう。

第7章

クロス集計と分散分析

7・1 複数の質的変数の度数をクロス集計で調べる

ここでは、アンケート調査データの分析によく用いられる「クロス集計」と層別されたグループの平均値に差があるかどうかを調べる「分散分析」を紹介する。これらの手法が分かれば、最近流行のデータマイニングで注目される「決定木分析」がよく理解できるはずだ。

企業ではアンケート調査がよく行われているが、単純集計（度数表の分析）で終わるものが多い。それでは、あまりにもデータがかわいそうだ。本章で解説するクロス集計を行えば、複数の変数間に内在する関係を発見することができる。クロス集計は、（2個以上の）質的変数の値の組み合わせごとに度数を集計する手法だ。今回取り上げた調査データを例にすれば、性別と喫煙の有無の関係などを簡単に調べることができる。クロス集計が分かれば、第8章で紹介する「決定木分析」への橋渡しになる。

（1） 指定方法

それでは、早速、STATISTICAを用いて、クロス集計の手法を解説しよう。図7-1の［基本統計／集計表］から、［クロス集計／多重回答］を選ぶと、

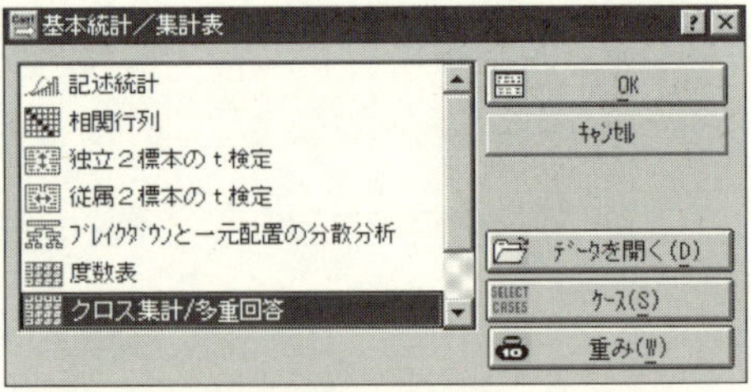

図7-1 ［基本統計／集計表］ウインドウ

次の図7·2の［クロス集計表］ウインドウが現れる。

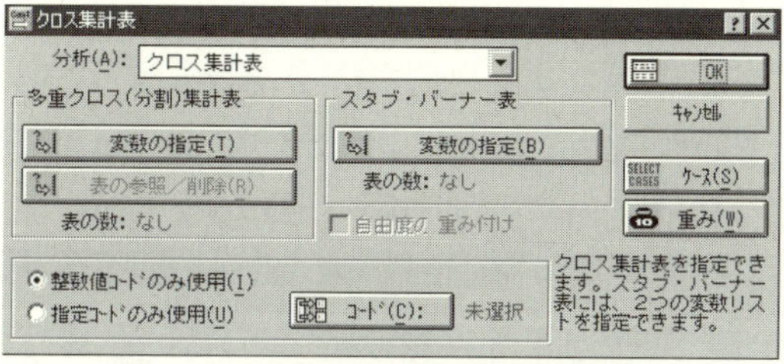

図7-2　［クロス集計表］ウインドウ

このウインドウで［変数の指定］をクリックすると、図7-3の［6グループ変数の選択］ウインドウが現れる。ここでは6個まで質的変数を指定できる。すなわち、2個の質的変数の度数を調べる二重クロス集計から6個の質的変数の度数を調べる六重クロス集計までできる。しかし、経験をつんでいないと三重クロス集計以上を正しく解釈することは難しい。

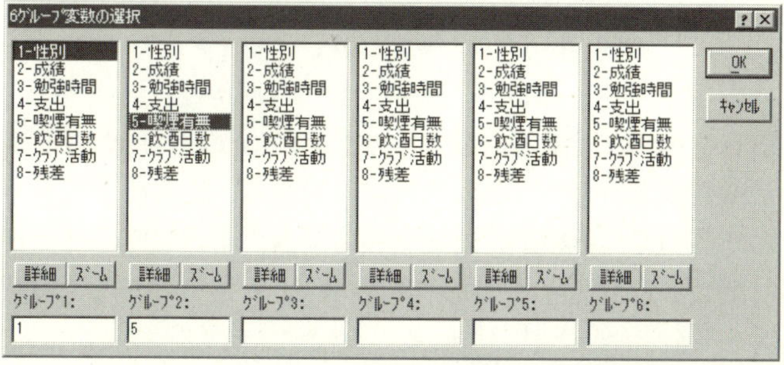

図7-3　［6グループ変数の選択］ウインドウ

(2) 性別と喫煙有無をクロス集計する

質的変数の“性別”と“喫煙有無”を指定し［OK］をクリックすると、［クロス集計表］のウインドウに戻る。ここでもう一度［OK］をクリックすると、図7-4の［クロス集計表の結果］ウインドウが表示される。

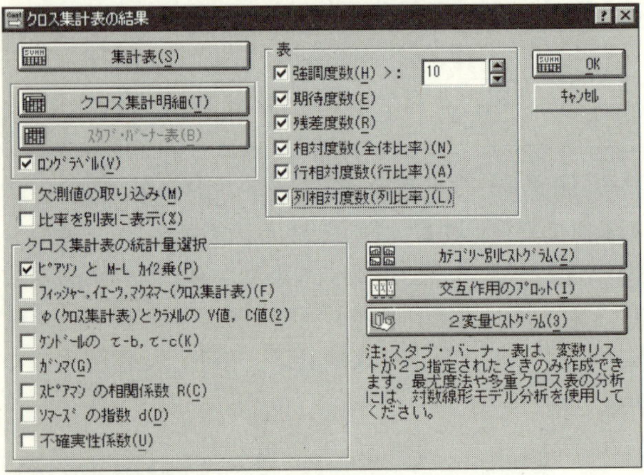

図7-4 ［クロス集計表の結果］ウインドウ

ここで、［表］欄から［強調度数］、［期待度数］、［残差度数］をチェックすることで、度数表のほか期待度数表と残差度数表も出力される。度数だけでなく、比率の表も出力したいので、その下にある［相対度数（全体比率)］［行相対度数（行比率)］［列相対度数（列比率)］の3つもチェックする。

［クロス集計表の統計量選択］欄から、［ピアソンとM−Lカイ2乗］をチェックし、［OK］をクリックすると、相関係数の検定と似たような、独立性の検定が行える。この検定結果から、2つの質的変数が独立（無相関に相当）か否か

の判断を行えばよい。

クロス集計に関する統計量にはさまざまなものがあるが、本書では、「ピアソンとM−L　カイ2乗」のみを使う。この統計量を使えば、カイ2乗(χ^2)値が計算され、p値で独立か否か判定できる。

注. カイ2乗分布は主として独立性を調べるために使われる検定である。

(3) 度数を調べる

図7-4の指定で、図7-5、図7-6、図7-7のクロス集計表が出力される。

度数表 (gakusei9.sta)

学習用 USE ONLY	ﾏｰｸ : ｾﾙ度数 > 10 (周辺度数はﾏｰｸの対象外)		
性別	喫煙有無 G_1:0	喫煙有無 G_2:1	行 合計
G_1:0	8	14	22
列 %	40.00%	70.00%	
行 %	36.36%	63.64%	
全体 %	20.00%	35.00%	55.00%
G_2:1	12	6	18
列 %	60.00%	30.00%	
行 %	66.67%	33.33%	
全体 %	30.00%	15.00%	45.00%
全ｸﾞﾙｰﾌﾟ	20	20	40
全体 %	50.00%	50.00%	

図7-5 度数表

図7-5は、「性別」と「喫煙有無」の二重クロス集計表の度数表である。「喫煙有無」の下にある「G_1:0」は以下のように読む。最初の数字1は1番目のカテゴリーであることを表し、2番目の数字の0はその値が0で入力されていることを示す。ここでは値が「0」は「喫煙していない学生」を示す記号であり、次の「G_2:1」の値「1」は「喫煙している学生」であることを意味している。

図7-3で最初に指定した変数の「性別」が行方向に、「喫

煙有無」が列方向にとられている。「行合計」は、性別の単純集計である。すなわち、男性が22人、女性が18人いることが分かる。そのうち、男子では喫煙しない学生が8人と喫煙する学生が14人で、女子では喫煙しない学生が12人と喫煙する学生が6人いることが分かる。

一方、列に注目すれば、喫煙しない学生は20人（うち、男性8人と女性12人）、喫煙者は20人（うち、男性14人と女性6人）であることが分かる。すなわち、「全グループ」行の20人と20人は、喫煙者と非喫煙者の「列合計」の度数である。

(4) 比率を求める

図7-5の「男性」行と「女性」行の下には、「列%」、「行%」、「全体%」が表示されている。

2つの「列%」行と「非喫煙」列がクロスするセルの比率は、非喫煙グループの男性と女性の比率が40%と60%であることを表す。

「男性」行の2つ下にある「行%」行の比率は、男性の非喫煙と喫煙の比率が36.36%と63.64%であることを示す。

「全体%」の比率は、全体の40人における比率（男性で非喫煙は20%、男性で喫煙は35%、女性で非喫煙は30%、女性で喫煙は15%）である。

(5) 周辺確率と同時確率

性別の男女比率は0.55と0.45であった。これは男性である確率が0.55、女性である確率が0.45あると読み替えることができる。そして、これを「性別」の周辺確率という。確率表現を使うと、次のように表すことができる。

P（男性、）＝0.55、P（女性、）＝0.45

いうまでもなく、PはProbability（確率）からきている。（　）内は、「……の確率」の「……」に相当する条件とでも考えてもらえばいいだろう。例えば、「男性で喫煙者」の確率を表したい場合には、P（男性、喫煙）のように記述する。「男性」（あるいは「女性」）の後に「、」しかない場合、これは「男性」（あるいは「女性」）以外の条件はないということを意味する。

喫煙者と非喫煙者の比率は、50%と50%であった。このことを確率表現で表すとP(、非喫煙) = 0.5、P(、非喫煙) = 0.5となる。これを「喫煙有無」の周辺確率という。

一方、男性で喫煙しないグループの比率は“全体%”で表される20%である。これを、P(男性、非喫煙) = 0.2で表す。これに、P(男性、喫煙) = 0.35、P(女性、禁煙) = 0.3、P(女性、非喫煙) = 0.15を加えた4つを、性別と喫煙の同時確率という。

7・2　独立性の検定

独立性の検定は、複数の質的変数の間における特定のカテゴリー間に関係があるか否かを教えてくれる。すなわち、クロス集計では2変数が独立であると仮定（帰無仮説）している。

(1)　独立とは

2変数が独立とは、同時確率が次のように周辺確率の積になることである。男性で喫煙しない同時確率が、男性である周辺確率と、喫煙しない周辺確率との積になる。他の3つの関係も同じである。数学では、P(男性AND非喫煙) =

P(男性)＊P(非喫煙) という表記を用いることもある。

P(男性、非喫煙) = P(男性、)＊P(、非喫煙)
P(男性、喫煙) = P(男性、)＊P(、喫煙)
P(女性、非喫煙) = P(女性、)＊P(、非喫煙)
P(女性、喫煙) = P(女性、)＊P(、喫煙)

図7-5では2行2列のクロス集計を考えたが、一般にはnカテゴリーとmカテゴリーをもつn行m列のクロス集計で、2変数が独立であれば、i番目とj番目のカテゴリーで次の式が成立する。

P(i、j) = P(i、)＊P(、j)

今回の場合、2変数が独立である場合の同時確率は、周辺確率から表7-1のように計算される。

	G_1:0	G_2:1	行合計
男性	0.55 ＊ 0.5	0.55 ＊ 0.5	0.55
女性	0.45 ＊ 0.5	0.45 ＊ 0.5	0.45
全グループ	0.5	0.5	1

表7-1　2変数が独立の場合

ここで、独立とは具体的には次のようなことを表す。

男性と女性の比率は0.55と0.45であるが、全体を“喫煙有無”別に分けたグループの男女の比率も0.55と0.45である。

一方、喫煙者と非喫煙者の比率は0.5と0.5であるが、全体を男女別に分けたグループの喫煙者と非喫煙者の比率も0.5と0.5である。すなわち、ある質的変数の比率が、別の質的変数で分けられた各グループでも同じ比率になる場合、これらの変数は独立であると呼ばれる。

(2) 期待度数を計算する

2変数が独立として、周辺確率から計算される同時確率に総ケース数nをかけたものを、期待度数という。

表7-1の同時確率に40をかけて、図7-6の期待度数が求められる。周辺度数は、図7-5と変わらない。

クロス集計では、2変数が独立と仮定した場合、この表のような度数が得られたと考えるわけだ。これが帰無仮説である。そして、図7-6のような構成比をもった分析対象(母集団といいたいが、なじまない)から図7-5の実度数が得られる確率を計算するわけだ。

多重回答表：期待度数 (gakusei9.sta)

学習用 USE ONLY

ﾏｰｸ : ｾﾙ度数 > 10
ﾋﾟｱｿﾝ のｶｲ2乗 : 3.63636, df=1, p=.056533

性別	喫煙有無 G_1:0	喫煙有無 G_2:1	行 合計
男性	11.00000	11.00000	22.00000
女性	9.00000	9.00000	18.00000
全ｸﾞﾙｰﾌﾟ	20.00000	20.00000	40.00000

図7-6 期待度数

(3) 残差を計算する

図7-5の各度数から対応する期待度数を引くと、図7-7の残差（=観測度数−期待度数）が得られる。残差が大きいほど、独立でなくなる。

図7-7を見ると残差が正になる場合と、負になる場合があることが分かる。この図で、残差が正の場合は「男性の喫煙者」「女性の非喫煙者」だ。これが正であるのだから、「男性は喫煙し、女性は喫煙しない人が多い傾向にある」ということが窺える。

これに対し、残差が負の場合は「男性の非喫煙者」「女性

多重回答表：観測度数 − 期待度数 (gakusei9.sta)

継続(C)...

ﾏｰｸ : ｾﾙ度数 > 10
ﾋﾟｱｿﾝ のｶｲ2乗 : 3.63636, df=1, p=.056533

性別	喫煙有無 G_1:0	喫煙有無 G_2:1	行 合計
男性	-3.00000	3.00000	0.00
女性	3.00000	-3.00000	0.00
全ｸﾞﾙｰﾌﾟ	0.00000	0.00000	0.00

図7-7　観測度数−期待度数

の喫煙者」である。こちらからは「男性の非喫煙者は少なく、女性の喫煙者は少ない傾向にある」ことが分かる。

しかし、よく考えてみると、残差が正の場合も負の場合も言っていることは同じことなので、解釈に用いる場合は、残差が正になる肯定的な事実を引用すればよいだろう。

(4) 独立性の検定

二重クロス集計では、2変数が独立と仮定する（帰無仮説）。そして、この仮説を検定するためにカイ2乗値（χ^2値）を計算する。χ^2分布でこのχ^2値以上になる確率がp値になる。p値から、帰無仮説を受け入れるか受け入れないかの判断（検定）することをχ^2検定という。χ^2検定は独立性の検定によく用いられる。χ^2値の計算法は以下の通りだ。図7-5の度数表と図7-6の期待度数を見て、実際に計算してみよう。

$$\begin{aligned}\chi^2\text{値} &= \Sigma\,(\text{実度数}-\text{期待度数})^2/\text{期待度数}\\ &= (8-11)^2/11+(14-11)^2/11+(12-9)^2/9+(6-9)^2/9\\ &= 9/11+9/11+9/9+9/9\\ &= 3.63636\end{aligned}$$

χ^2値とは、各セルごとに残差の自乗を期待度数で割って、それを合計したものである。期待度数を平均とみなせば、

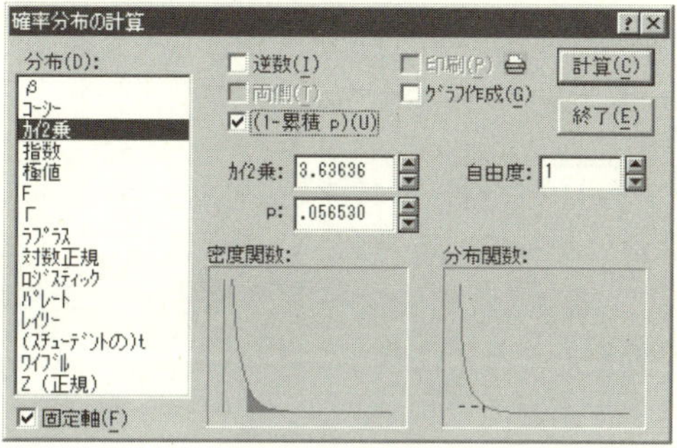

図7-8　χ^2検定

残差は偏差にあたる。残差が大きければ大きいほど、独立でなくなる。

仮説の下でχ^2値3.63636が得られる確率がp値として計算される。

(5) p値を計算する

正規分布やt分布で利用した図7-8で、［分布］欄から［カイ2乗］を選んで、［自由度］のテキストボックスに「1」を入れて、［カイ2乗］のテキストボックスに先に計算したχ^2値3.63636を入れて、［(1－累積p)］をチェックしてχ^2値が3.63636以上になる確率を［計算］ボタンをクリックして計算する。これで、［p］のテキストボックスに0.056536が計算される。すなわち、「性別」と「喫煙有無」が独立（無相関）であるという帰無仮説のもとで、自由度1のχ^2値が3.63636以上になるp値は0.057であることが分かる。

つまり、5%以上となるから、帰無仮説は棄却されず、性別と喫煙有無は独立であると考える。これ以上分析しても何ら情報が得られないということだ。

二重クロス集計の自由度は、次のように計算する。

(行カテゴリー数−1)∗(列カテゴリー数−1)
= (2−1)∗(2−1) = 1

すなわち2行2列の自由度は1になる。図7-5の度数表で周辺度数が分かっている場合、自由度に等しい1個のセルの値（例えば男性で非喫煙の8人）さえ分かれば、残りのセルの値が分かることに注意してほしい。これが、クロス集計における自由度の意味である。平均や分散で用いる自由度は、ケース数を拡張した概念であった。クロス集計では、周辺度数が分かっている（固定）として、自由に値を決めることができるセルの個数を自由度と呼んでいる。

(6) クロス集計表の利用の仕方

最後に、整理のために「クロス集計表の分析」の手順をまとめておこう。

① χ^2検定のp値を最初に調べる。
②そして、棄却された場合のみ、図7-5から図7-7までのクロス表の検討に入る。
③棄却されない場合は、2変数は独立であるのでクロス集計表の詳細な分析をせず、そこで終了する。
④もし、p値が0.05以下になり棄却された場合、どのように分析すればよいであろうか。一番簡単なのは、図7-7の残差度数で、プラスのセルに注目すればよい。「男性は喫煙あり、女性は喫煙なしが多い」ということが読み取れる。負の残差に注目すれば、「男性は喫煙なし、女性は喫煙ありが少ない」ということになる。一般には、正の残差で解釈したほうが分かりやすいであろう。

7·3 カテゴリー化

量的変数をカテゴリー化することで、それを層別変数（優良可不可のように複数のグループに分ける変数のこと）として扱ったり、質的変数として分析することができる。

逆に、質的変数に数値を与えることを数量化という。

(1) カテゴリー化の意義

量的変数をカテゴリー化する目的は、データを、優良可、大中小などのカテゴリーに分けて順序尺度にして、複雑な現象を単純化することである。

3カテゴリーに分けることは、このように一般的である。また、ケース数がそれほど多くないときには、2カテゴリーにすることも考えられる。カテゴリー化は、何も手がかりがなければ、四分位数を参考に、Q1とQ2で3カテゴリーにするか、Q2で2カテゴリ－にすることが考えられる。

しかし、分割の目安で一番重要なのは、対象分野の固有知識である。例えば、成績などの評価は大学で決められたものを用いるべきだ。

カテゴリー値	得点範囲
優	80点以上
良	70点以上80点未満
可	60点以上70点未満
不可	60点以下未満

表7-2　成績のカテゴリー化

(2) 成績をカテゴリー化する

成績は、一般には次のようにカテゴリー化される。これを新しく、変数“評価”とする。

実際に、40人の学生のデータを使って、成績のカテゴリー化を行ってみよう。まず、データシートで、一番最後の変数“残差”を選んで反転し、図7-9のようにメニューから［変数］-［追加］を選ぶ。

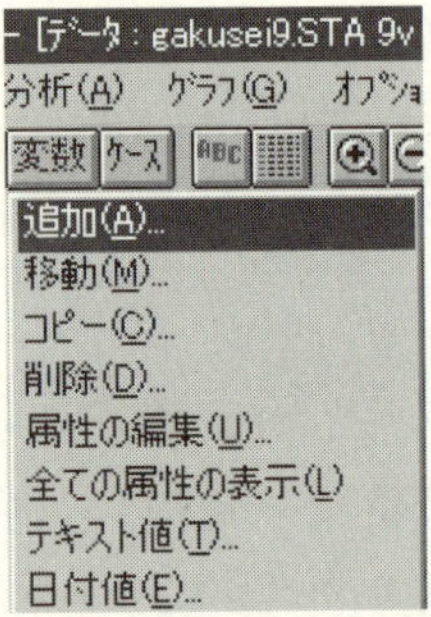

図7-9　［変数］-［追加］

すると、次の図7-10の［変数の追加］が現れ、［OK］すると、「残差」の後ろに新しく1列が追加される。「成績」の後に「評価」を追加してもよいが、変数番号を固定したいので、新しく作る変数は最後に追加していくことにする。

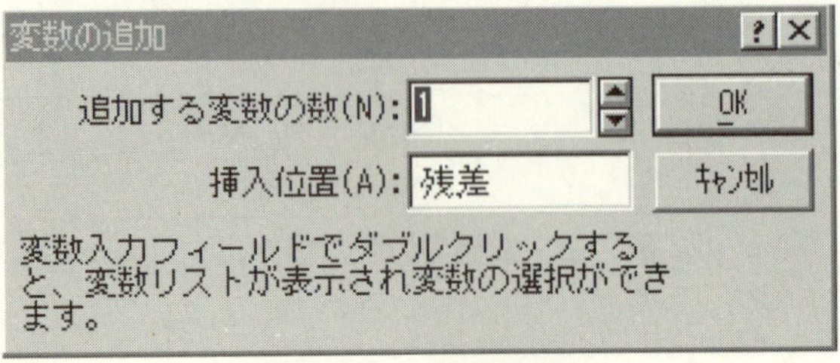

図7-10　変数の追加

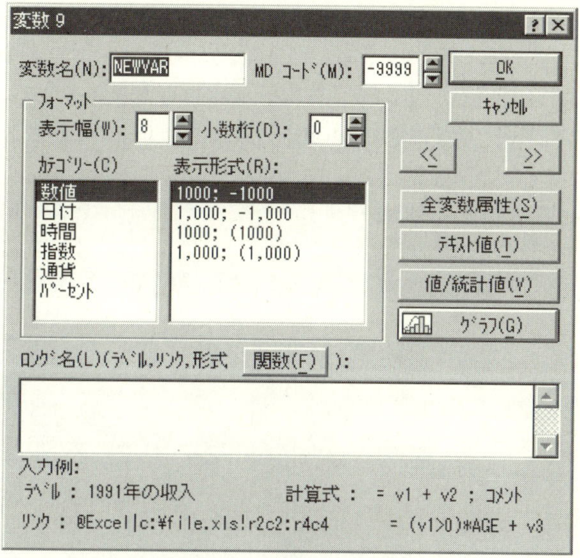

図7-11　変数ウインドウ

新しく追加された変数名［NEWVAR］をダブルクリックすると、図7-11の［変数9］ウインドウが現れるので、［変数名］テキストボックスの“NEWVAR”を“評価”に代え、［OK］する。「評価」はこの後「V9」という変数名でSTATISTICAで利用できる。

再び、メニューから［変数］-［カテゴリー化］を選ぶと、図7-12の［カテゴリー化変数］ウインドウが現れる。［カテゴリー1］欄に次の条件式を［直接入力］で入れる。

$$v2 >= 80$$

v2は、STATISTICAでは2番目の変数、すなわち「成績」を表す。その後、良、可、不可を表す条件式を図の通り入力する。［カテゴリー値1］欄で、値が1になっている。優、良、可、不可を1、2、3、4で表す場合は、このまま利用すれば良い。そして、［再コード化］をクリックすると、図7-13［STATISTICA］の問い合わせボックスが表れるので、［はい］を選ぶ。

注．カテゴリー2は、v2＜80 and v2＞＝70。カテゴリー3は、v2＜70 and v2＞＝60。カテゴリー4はv2＜60。

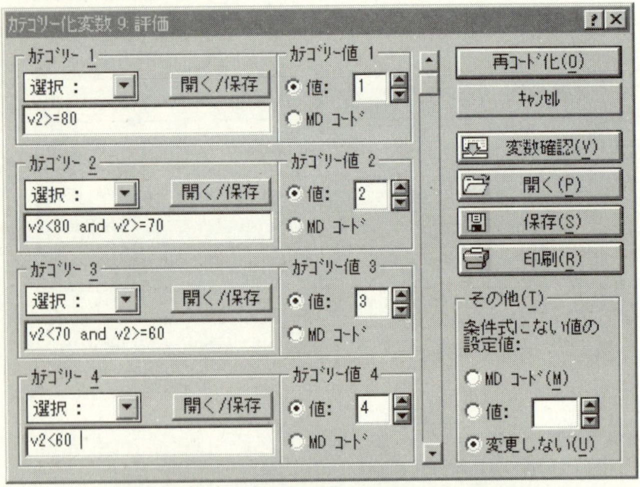

図7-12 ［カテゴリー化変数］ウインドウ

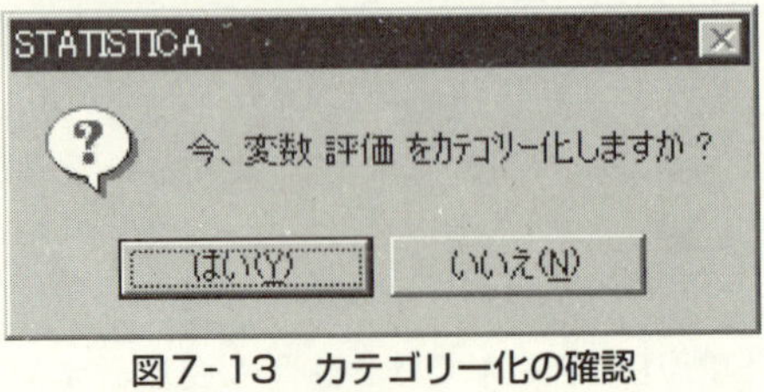

図7-13 カテゴリー化の確認

するとさらに図7-14のように、［全ての条件を保存しま

図7-14　問い合わせ

すか？］と問い合わせてくる。入力した条件を保存し後で利用したいので［はい］を選んで「評価」というファイル名で保存しておこう。これで、変数「評価」の列に、成績をカテゴリー化した値が表示される。

次に、変数名の「評価」をダブルクリックし、図7-11で［テキスト値］を選んで、カテゴリー化した数値1、2、3、4に図7-15のように優、良、可、不可のテキスト値を対応づけることにする。これを行わないと、分析に用いた場合、結果が見にくくなる。

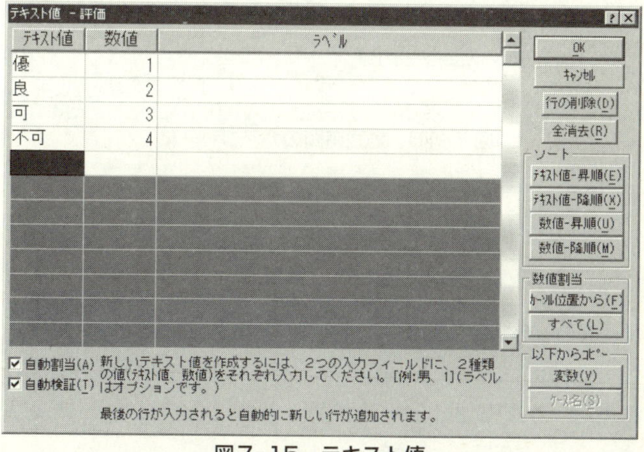

図7-15　テキスト値

(3) その他のカテゴリー化

「評価」の後に、「勉強C（Categoryの略）」という変数を追加する。勉強時間は、Q1とQ3がそれぞれ3と7であるから、この値で図7-16のようにカテゴリー化する。そして、テキスト値として、「3時間迄」、「7時間迄」、「7時間超」を与えることにする。この変数は、今後V10で引用できる。

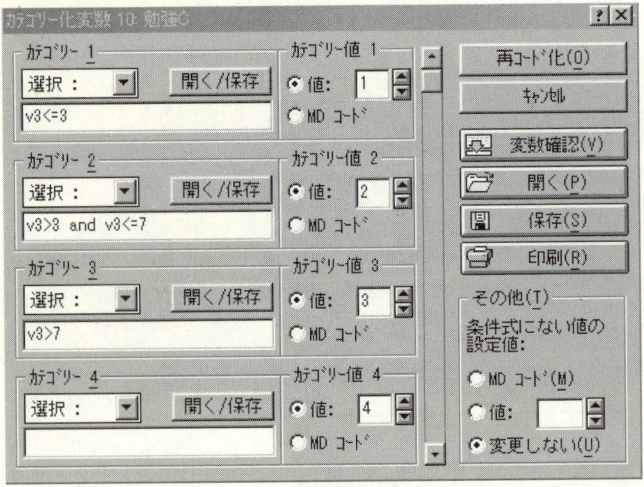

図7-16 勉強時間のカテゴリー化

注. カテゴリー1は、V3<=3。カテゴリー2は、V3>3 and V3<=7。カテゴリー3はV3>7。

「勉強C」の後に「支出C」という変数を追加する。支出は、Q1とQ3がそれぞれ3と5であるから、この値で図7-17のようにカテゴリー化する。そして、「3万円迄」、「5万円迄」、「5万円超」というテキスト値を与える。この変数は、今後V11で引用できる。

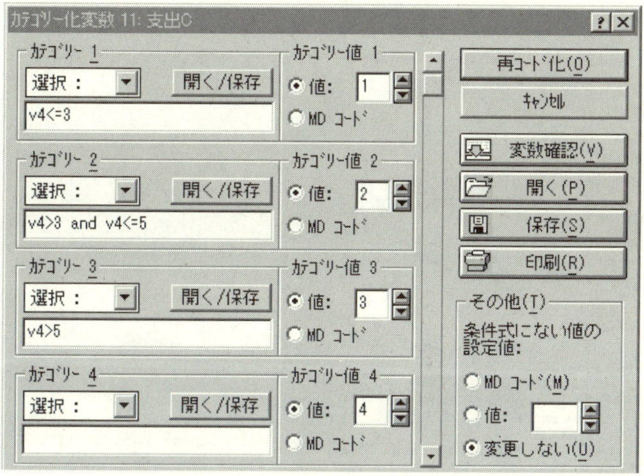

図7-17　支出のカテゴリー化

注．カテゴリー1は、V4＜＝3。カテゴリー2は、V4＞3 and V4＜＝5。カテゴリー3はV4＞5。

「支出C」の後に「飲酒C」を追加する。飲酒日数は、Q1とQ3がそれぞれ1と3であるから、この値でカテゴリー化することが考えられる。しかし、飲酒日数の0と1を1つのカテゴリーにして、飲酒日数の少ないカテゴリーと解釈することはよいとは思われない。飲むと飲まないでは、大きな違いがある。そこで、1の代わりに0を用い図7-18のようにカテゴリー化する。そして、「0日迄」、「3日迄」、「4日以上」とテキスト値を与える。この変数は、今後V12で引用できる。

注．カテゴリー1は、V6＝0。カテゴリー2は、V6＞0 and V6＜4。カテゴリー3は、V6＞＝4となる。

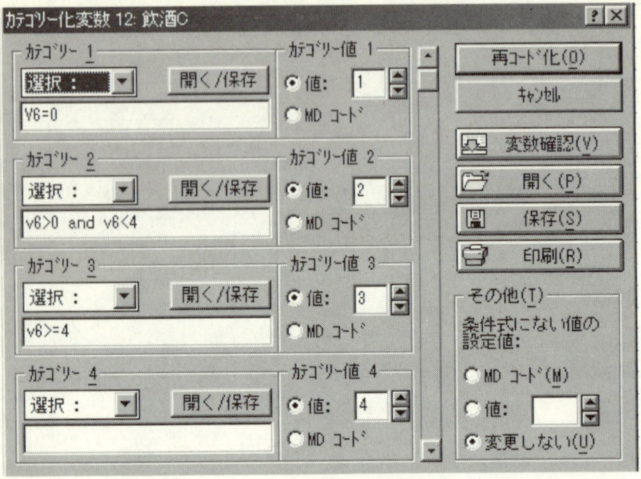

図7-18　飲酒日数のカテゴリー化

統計は，シャーロックホームズの虫めがねのように，私達に真実を教えてくれる……

7・4 クロス表行列を作成する

クロス表行列は、筆者の造語である。表7-3のように、質的変数の二重クロス集計のp値を、相関行列（表6-4）のイメージでまとめたものである。

	性別	評価	勉強C	支出C	喫煙有無	飲酒C	クラブ活動
性別	―	0.752	0.109	0.252	0.057	0.095	0.942
評価		―	0.000	0.003	0.086	0.000	0.254
勉強C			―	0.033	0.014	0.000	0.604
支出C				―	0.265	0.001	0.074
喫煙有無					―	0.054	0.542
飲酒C						―	0.019
クラブ活動							―

表7-3　2変数の独立性の検定結果

対角線から上にある上三角行列の数字は、χ^2検定（カイ2乗検定）のp値（有意確率）である。対角線をはさんで対称なセルには、同じ値が入るので、下三角行列はブランクにしてある。成績と関係があるのは、勉強時間、支出、飲酒日数であることが分かる。

このp値が0.05以下の棄却されたものに注目すれば、この結果を次のように解釈できる。評価は、勉強C、支出C、飲酒Cと関係がある。勉強Cは、支出C、喫煙有無、飲酒Cと関係がある。支出Cは、飲酒Cと関係があり、飲酒Cはクラブ活動と関係がある。

以上の8個について、クロス表の詳細で評価を手がかりにしてさらに検討すればよい。p値が5%以上のクロス集計表は、独立という情報以外は何も含まれていないので、これ以上分析する必要はない。

量的変数をカテゴリー化することで、例えば、量的変数をカテゴリー化した評価は質的変数の性別と独立である、すなわち関係がないと判定できる。あるいは、勉強Cと喫煙有無には何らかの傾向があるということが分かる。これが、カテゴリー化のもう一つのメリットである。

7・5 三重クロス集計

3変数以上のクロス集計は、一般には多重クロス集計と呼ばれる。しかし、解釈が難しいので専門家でないかぎりあまり行わないほうがよいだろう。

8章で詳しく解説する決定木分析を用いれば、多重クロス集計以上の情報が簡単に得られる。そこで、本書では多重クロス集計に関しては簡単に解説するにとどめる。初学者には難解かもしれないが、概略が理解できれば十分だ。

(1) 評価、勉強C、飲酒Cの三重クロス集計を考える

評価、勉強C、飲酒Cの三重クロス集計は、図7-3の［6グループ変数の選択］ウインドウで「評価」、「勉強C」、「飲酒C」を選んで［OK］をクリックしてから、図7-4の［表］で［強調度数］［期待度数］［残度数］を選んで［OK］ボタンをクリックすると、図7-19から図7-21が表示される。

行方向の見出しを見ると、最初の列が「評価」で、次の列が「勉強C」となっている。「評価」と「勉強C」のカテゴリーの組み合わせが12行で表されている。そして、「評価」のカテゴリーが同じ3行ごとに優、良、可、不可の合

度数表 (gakusei9.sta)

学習用
USE ONLY

ﾏｰｸ : ｾﾙ度数 > 10
(周辺度数はﾏｰｸの対象外)

評価	勉強C	飲酒C 0日迄	飲酒C 3日迄	飲酒C 4日超	行 合計
優	3時間迄	0	2	0	2
優	7時間迄	4	3	0	7
優	7時間超	3	2	0	5
	合計	7	7	0	14
良	3時間迄	0	2	0	2
良	7時間迄	0	7	1	8
良	7時間超	0	1	0	1
	合計	0	10	1	11
可	3時間迄	0	3	4	7
可	7時間迄	0	3	0	3
可	7時間超	0	0	0	0
	合計	0	6	4	10
不可	3時間迄	0	2	3	5
不可	7時間迄	0	0	0	0
不可	7時間超	0	0	0	0
	合計	0	2	3	5
	列合計	7	25	8	40

図7-19　度数表

計が表示されている。最後の行に「列合計」すなわち「飲酒C」の周辺度数が計算されている。

列方向の見出しには、図7-3で最後に指定した「飲酒C」の3カテゴリーが表示されている。最初は飲酒日数が0日、次が3日まで、最後が4日以上である。そしてその後に行合計が表示されている。

すなわち、図7-3のウインドウで指定した最初の2変数が行方向に、3番目に指定した変数が列方向にとられることになる。

最初の行（評価：優、勉強C：3時間迄）は、評価が優で、勉強時間が3時間迄を表し、2人いることが行合計から分かる。4行目の「合計」は、優の学生数である。すなわち、優の学生は、飲酒日数が0日は7人、3日迄は7人、4日以上飲む学生は0人の計14人である。まことに教育的な結果になっている。

一番下にある「列合計」行の3つのセルにある7人、25

人、8人は、飲酒日数の周辺度数である。そして「行合計」とクロスするセルの総計は40人である。

4つの「合計」行と「行合計」列のクロスした4つのセルの14人、11人、10人、5人が、評価の周辺度数である。

「勉強C」が「3時間迄」の行と「行合計」列でクロスする4つのセルの2人、2人、7人、5人の16人が、「勉強C」の周辺度数の1つ（3時間迄）である。

勉強時間が「7時間迄」の周辺度数は、「7時間迄」行と「行合計」のクロスする4つのセルの7人、8人、3人、0人の合計の18人であり、「勉強C」が「7時間超」の周辺度数は5人、1人、0人、0人の合計6人である。

(2) 期待度数を計算する

図7-20は、期待度数を表す。

多重回答表：期待度数（gakusei9.sta）

学習用
USE ONLY

マーク：セル度数 > 10
ピアソン のカイ2乗 : 77.2512, df=28, p=.000002

評価	勉強C	飲酒C 0日迄	飲酒C 3日迄	飲酒C 4日以上	行 合計
優	3時間迄	.980000	3.50000	1.120000	5.60000
優	7時間迄	1.102500	3.93750	1.260000	6.30000
優	7時間超	.367500	1.31250	.420000	2.10000
	合計	2.450000	8.75000	2.800000	14.00000
良	3時間迄	.770000	2.75000	.880000	4.40000
良	7時間迄	.866250	3.09375	.990000	4.95000
良	7時間超	.288750	1.03125	.330000	1.65000
	合計	1.925000	6.87500	2.200000	11.00000
可	3時間迄	.700000	2.50000	.800000	4.00000
可	7時間迄	.787500	2.81250	.900000	4.50000
可	7時間超	.262500	.93750	.300000	1.50000
	合計	1.750000	6.25000	2.000000	10.00000
不可	3時間迄	.350000	1.25000	.400000	2.00000
不可	7時間迄	.393750	1.40625	.450000	2.25000
不可	7時間超	.131250	.46875	.150000	.75000
	合計	.875000	3.12500	1.000000	5.00000
	列合計	7.000000	25.00000	8.000000	40.00000

図7-20 期待度数

対応するセルの期待度数は、評価と勉強Cと飲酒Cの各周辺確率の積に40人をかけたものである。例えば、優で、勉強時間が3時間迄で、飲酒日数が0日の学生は、実度数は0人であるが、期待度数は次のように計算される。

期待度数

　＝優の周辺確率＊勉強時間が3時間迄の周辺確率＊飲酒日数が0日の周辺確率＊40

　$= (14/40) * (16/40) * (7/40) * 40 = 0.980$

(3) 残差と χ^2 を計算する

図7-21は、残差度数である。図7-19の実度数から図7-20の期待度数を引いたものだ。一種の偏差である。

多重回答表：観測度数 － 期待度数 (gakusei9.sta)

継続(C)...

マーク ： セル度数 > 10
ピアソン のカイ2乗 ： 77.2512, df=28, p=.000002

評価	勉強C	飲酒C 0日迄	飲酒C 3日迄	飲酒C 4日以上	行 合計
優	3時間迄	-.98000	-1.50000	-1.12000	-3.60000
優	7時間迄	2.89750	-.93750	-1.26000	.70000
優	7時間超	2.63250	.68750	-.42000	2.90000
	合計	4.55000	-1.75000	-2.80000	0.00000
良	3時間迄	-.77000	-.75000	-.88000	-2.40000
良	7時間迄	-.86625	3.90625	.01000	3.05000
良	7時間超	-.28875	-.03125	-.33000	-.65000
	合計	-1.92500	3.12500	-1.20000	-.00000
可	3時間迄	-.70000	.50000	3.20000	3.00000
可	7時間迄	-.78750	.18750	-.90000	-1.50000
可	7時間超	-.26250	-.93750	-.30000	-1.50000
	合計	-1.75000	-.25000	2.00000	-.00000
不可	3時間迄	-.35000	.75000	2.60000	3.00000
不可	7時間迄	-.39375	-1.40625	-.45000	-2.25000
不可	7時間超	-.13125	-.46875	-.15000	-.75000
	合計	-.87500	-1.12500	2.00000	-.00000
	列合計	-.00000	-.00000	.00000	-.00000

図7-21　観測度数－期待度数

この表で残差が2以上のものに着目する。評価が優の学生は、飲酒しないで勉強時間が4時間以上の学生が多い。良の学生は、飲酒は1日から3日で、4時間から7時間勉強するものが多い。そして、可と不可は、飲酒が1日以上で、勉強時間が7時間迄のものに含まれていることが分かる。

比率などを詳細に比較するには経験が必要になってくる。初心者は、残差の大きなものに着目すればよいだろう。

独立性の検定は、各セルの残差の自乗を期待度数で割り、それを合計した χ^2 値で行える。

$$\chi^2 = (-0.98)^2/0.98+(-1.50)^2/3.50+\cdots\cdots = 77.2512$$

p値は、図に見る通り、「飲酒C」の見出しの上にあるp＝0.000002であり、棄却される。すなわち、評価、勉強C、飲酒Cは、独立でなく、何らかの関係がある。それは、残差で2以上のものに関して述べたような関係を意味する。

ただし、セルの度数で5以下のものがあれば、正しい検定結果が得られないとされている。その場合は、このp値を参考指標として利用すればよい。これに対して不満を覚えるなら、データを多く集める必要がある。

(4) 多重クロス集計から決定木分析へ

ここでは、三重クロス集計を紹介した。しかし、評価を目的変数と考え、性別、勉強C、支出C、喫煙有無、飲酒C、クラブ活動の6個の説明変数との関係を調べようと思えば、七重クロス集計表（実際は六重クロスまでしかできない）を調べる必要がある。

三重クロス集計で推測できたと思うが、多重クロス集計の解釈は難しい。一番の問題点は、セルの数が多くなり、1個のセルに含まれるケース数は極端に少なくなる。それから、必ずしも隣接しない、幾つかのセルを1つのグループにまとめあげ（セグメント化）、意味のある情報を引き出すことはほぼ不可能に近い。

これをうまくやってくれるのが、決定木分析である。

7·6 分散分析と多重比較をグラフで考える

分散分析は、層別したグループの平均値に差があるか否かを調べる手法である。分散分析表で、各群の残差のバラツキ以上に、平均値に差があるか否かを調べる手法である。3群以上にデータを層別し分散分析し差があると分かった場合、次にどの2群の平均値に差があるか知りたくなる。多重比較は、どの2グループの平均値に差があるかを教えてくれる。分散分析や多重比較は理論から入ると難しいが、実は層別箱ヒゲ図が理解を助けてくれる。

(1) 性別の成績を比較する

図5-12の［記述統計量］で［すべての変数］を選択して［カテゴリー別箱ヒゲ図］をクリックすると、図7-22の［グループ変数の指定］ウインドウが現れる。［第1変数］で性別を選んで［OK］する。ここでいうグループ変数は、層別変数のことである。

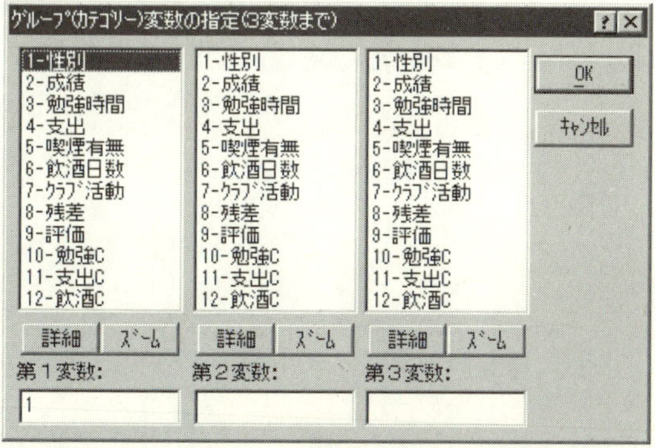

図7-22 ［グループ変数の指定］ウインドウ

次に表れる図7-23では、［すべて］-［OK］を選ぶ。

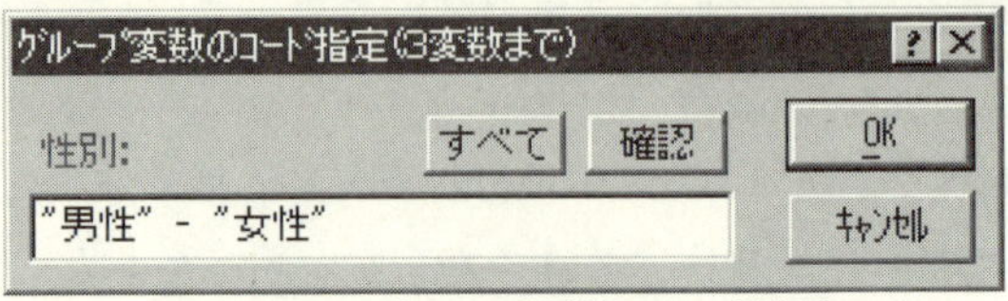

図7-23　グループ変数のコード指定

次に、図7-24の［箱ヒゲ図タイプ］で、一番上をチェックし［OK］する。中央値(Q2)、四分位(Q1とQ3)、範囲(最大値と最小値)を用いた一般的な箱ヒゲ図が描かれる。

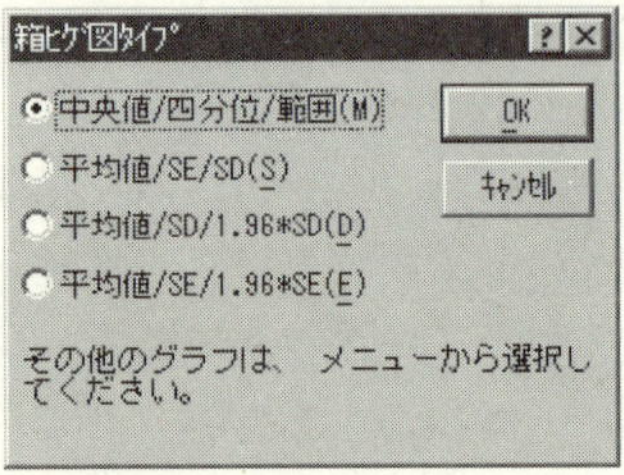

図7-24　［箱ヒゲ図タイプ］

図7-25は、性別で成績データを層別した箱ヒゲ図である。

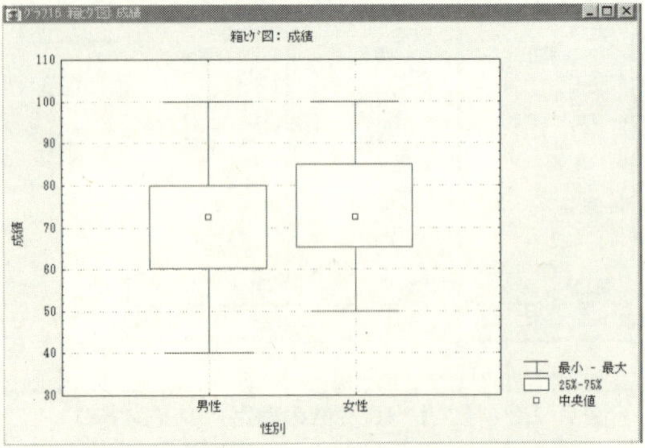

図7-25　性別による成績の層別箱ヒゲ図

最大値（100点）と中央値（約74点）は、男女ほぼ同じである。最小値、Q2、Q3は女性が高いことが分かる。

(2) 性別の成績の平均を比較する

図7-24で一番下の［平均値/SE/1.96*SE（E)］をチェックすると、図7-26の箱ヒゲ図が出力される。

箱の中にある小さな四角は中央値の代わりに平均値が、下のヒゲの先端は最小値の代わりに$m-1.96$*SEが、上のヒゲの先端は最大値の代わりに$m+1.96$*SEを表す。すなわち、箱ヒゲ図の表す区間は平均値の95%信頼区間である。男性と女性の95%信頼区間が重なっているので、男女の平均に差がないと判断できる。もし重なりがなければ、女性の平均が高いと判断すればよい。

実は、これが2つの群の平均値に差があるか否かを調べる独立2標本のt検定を説明するグラフ表現になっている。

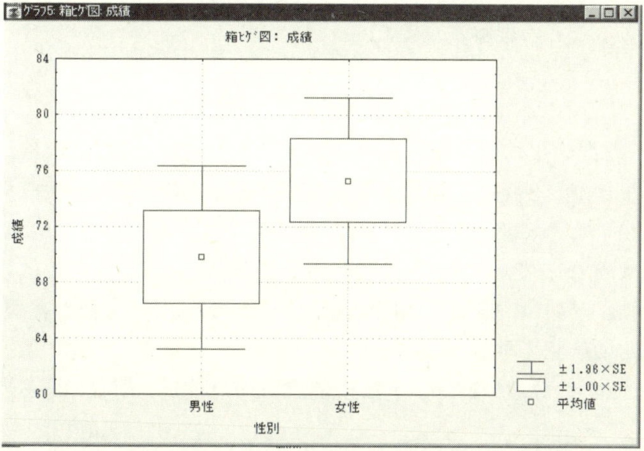

図7-26　性別による成績の平均値の95％信頼区間

重要ポイント 母集団で2群の平均が等しいと考える（帰無仮説）。この母集団から、それぞれの標本をサンプリングし、標本平均と95％信頼区間を求めた。帰無仮説が正しければ、この95%信頼区間が重なっているはずだ。重なっていなければ、帰無仮説が間違っているからと判断する。

(3) 独立2標本のt検定

独立2標本のt検定では、性別のような2群の標本平均値のm_1とm_2に差があるか否かをt検定と呼ばれる手法で調べる。母集団の男女の平均値のμ_1とμ_2が等しいとする。この仮説の元で、$(m_1 - m_2)$の大きさをその標準誤差で評価するわけだ。標準誤差の計算式は、多くの統計書に紹介してあるが、あえて紹介しない。使用法がこれまでと同じであることの理解が重要だ。

$$t = (m_1 - m_2)/\text{標準誤差}$$

2群の平均値の95%信頼区間が重なっていなければ、はっきりと2群の平均値が異なっていると判断できる。図7-26のように重なっていれば、程度の差はあるが、母平均値は異なっていないと判断できるであろう。この判断は、$(m_1 - m_2)$の95％信頼区間あるいは上のt検定のp値で客観的に確認できる。

2群の分散分析は、実は独立2標本のt検定と同じである。

(4) 多群を比較する

次に図7-22のウインドウで、クラブ活動を指定する。図7-27は、成績のクラブ活動による層別箱ヒゲ図である。中央値を見ると、野球部、柔道部、その他、英会話の順に成績がよくなっている。野球部以外の最小値が同じである。また、柔道部のバラツキが、他より小さい。このように、層別箱ヒゲ図は、層別したデータを比較し概観するのに優れている。

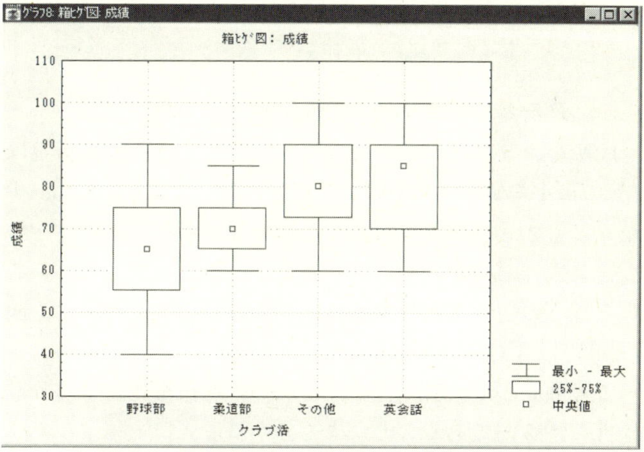

図7-27　成績のクラブ活動による層別箱ヒゲ図

図7-28は、クラブ活動で層別した成績の平均値の95%信頼区間である。柔道部は、他の3つのクラブと重なりがあるため、柔道部と野球部、柔道部とその他、柔道部と英会話の平均値に差がないことが分かる。しかし、野球部とその他、野球部と英会話は少ししか重なりがないので、平均値に差があるかもしれない。

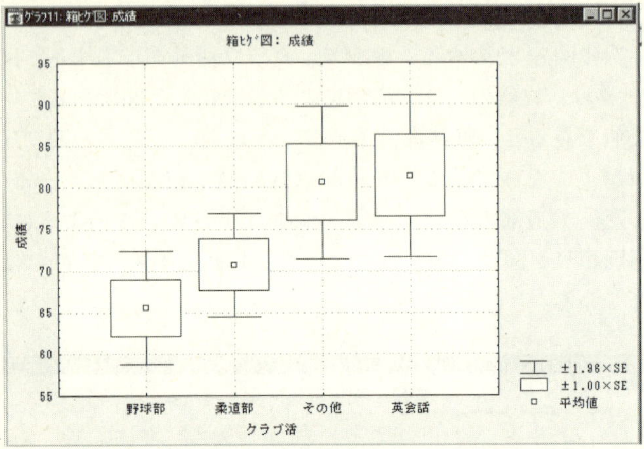

図7-28　成績の95%信頼区間をクラブ活動で比較

成績をクラブ活動で分散分析したとしよう。帰無仮説は4群の母平均値がすべて同じと仮定する。棄却されれば、少なくとも2つの群の平均値に差があると判断できる。その場合、次にどの群の間に差があるか否かを検討したい。これを行うのが多重比較である。この難しい統計の話は、図7-28で視覚的に理解できる。

また独立2標本の t 検定は、2群の平均値を比較する分散分析の特殊例であることがよく分かる。

重要ポイント 層別箱ヒゲ図で、どの2群の平均値に差があるか否かの検討をつけよう。そして、分散分析と多重比較でそれが確認できる。

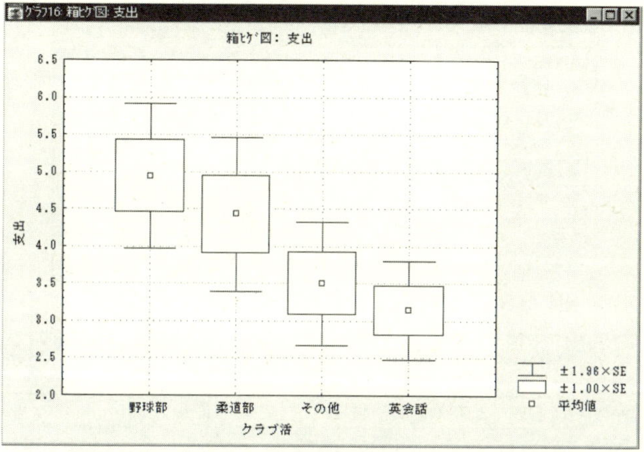

図7-29　支出の95%信頼区間をクラブ活動で比較

図7-29は、クラブ活動で支出の平均値の95%信頼区間を比較したものである。“野球部”と“英会話”は重なっていないので、平均値に差があると推定できる。それ以外のどの2つの部の平均値にも差がないであろう。

支出をクラブ活動で分散分析すると、きっと帰無仮説は棄却されるであろう。そして、少なくとも2つのクラブの平均値に差があることになる。それは多重比較で野球部と英会話であることが分かるであろう。

7·7 分散分析と多重比較

(1) 一元配置の分散分析

図7-30で、[ブレイクダウンと一元配置の分散分析]を選ぶ。一元配置の分散分析とは、説明変数が1個の場合の分散分析のことである。

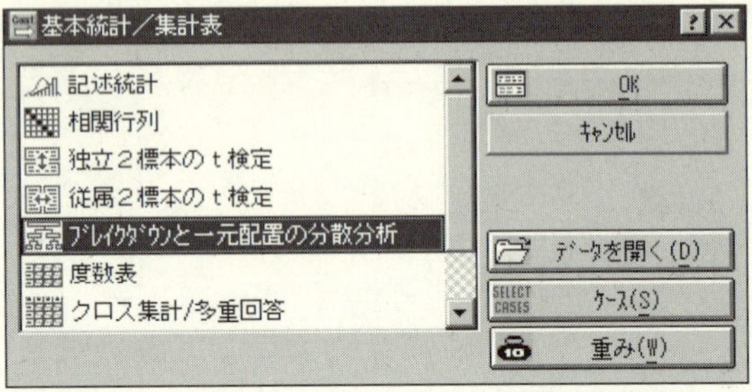

図7-30 ［ブレイクダウンと一元配置の分散分析］

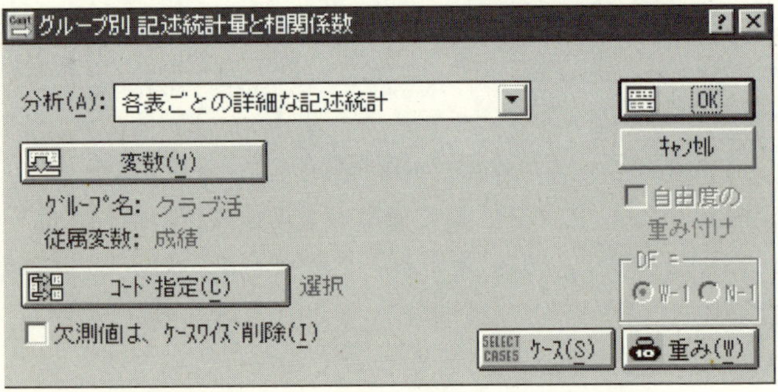

図7-31 ［グループ別記述統計量と相関係数］

図7-31の［分析］の［▼］を選ぶと、［各表ごとの詳細な記述統計］と表示された以外に［バッチによるクロス集計処理］が選択できる。これがSTATISTICAでブレイクダウンと呼ばれる手法である。ブレイクダウンは、図7-30の中のアイコンに見るように、質的な説明変数で順次分割し細分化した群で、目的変数の値を調べる手法である。表7-5で用いているが、これ以上紹介しない。

一元配置の分散分析は、説明変数に用いる質的変数が1個の場合である。図7-31の［分析］で表示された「各表ごとの詳細な記述統計」を選び、［変数］で［グループ変数］

を“クラブ活動”、従属変数として“成績”を選んで、[コード指定]で[すべて]を選んで、[OK]をクリックする。

(2) 分散分析表

図7-32で、[分散分析]をクリックすると、図7·32の分散分析表が表示される。この分散分析表は、通常の分散分析の解説書に見られるものと異なっているので、その下によく見られる形式に直したもの(表7-4)を併記する。

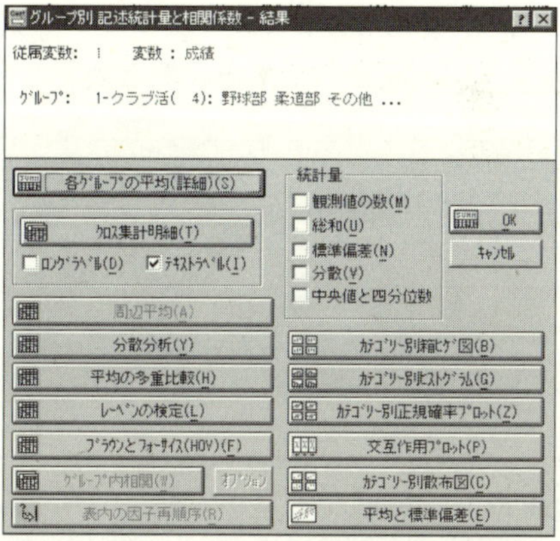

図7-32 [グループ別記述統計量と相関係数-結果]

次頁の図7-33のSS(Sum of Squares)は平方和、df(degree of freedom)は自由度、MS(Mean Squares)は平均平方を表す。主効果とは、グループ平均のバラツキを測定しており、回帰分析の予測値に対応している。図7-33では最初の3つの数値は主効果に対応し、次の3つは誤差(残差と読み替えてもよい)に対応している。F値とp値は、表7-4では最後の列にまとめて示した。

図7-33　分散分析表

分散分析表は、4つのクラブ活動の成績の平均値が等しいと仮定している。その仮定の下で、p値が0.02なので棄却される。すなわち、少なくとも2つの平均値に差があることになる。主効果の平方和は、表1-8の回帰の平方和$\Sigma(\hat{y}_i-m)^2$の$\hat{y}_i$を各クラブの成績の平均値に置き換えたものだ。

成績	平方和 (Sum of Squares)	自由度 (Degree of Freedom)	平均平方 (Mean of Square)	F-値(p値)
主効果	1974.0	3	658.0	3.72(0.02)
誤差	6373.4	36	177.0	
全体	8347.4	39		

表7-4　通常の分散分析の表現

注．主効果とは、回帰分析の予測値に対応する。

重要ポイント 既存の統計書では、分散分析表の説明にかなりの頁を割いているが、p値が0.05以下なら平均値に差があり、以上であれば平均値に差がない。すなわちすべて同じと判断するのに使うだけだ。

(3)　分散分析表を確認する

次頁の表7-5は、成績をクラブ活動でブレイクダウンしたものの出力の一部である。操作法については省略する。全体とクラブごとの成績の平均、データ件数、合計、分散が表示されている。何をしたいかと言えば、表7-4の分散分析表を計算で確かめてみることである。

クラブ活動	成績 平均	成績 N	成績 合計	成績 分散
野球部	65.56	18	1180	217.32
柔道部	70.71	7	495	70.24
その他	80.63	8	645	174.55
英会話	81.43	7	570	172.62
全グループ	72.25	40	2890	214.04

表7-5　ブレイクダウンの出力の一部

表7-4の全体の平方和は、学生の成績（y_i）から全グループの平均値72.25（m）を引いた偏差の平方和である。これを全体の自由度の39で割ると、成績の分散は214.04になる。この関係から、全体の平方和は8347.4になる。

$$全体の平方和 = \Sigma (y_i - m)^2 = 214.04 * 39 = 8347.4$$

主効果の（偏差）平方和（Sum of Squares）は次のように考える。各学生の成績の予測値は自分の所属するクラブの平均値ととる。そして、全体の平均値72.25からの偏差平方和を考える。すなわち、野球部に属する18人の学生の成績の予測値は、野球部の平均値65.56点（m_1）と考える。そして全体平均との偏差（65.56−72.25）を自乗し、野球部員数18人をかけたものが野球部員の偏差平方和になる。柔道部、その他、英会話の平均値をm_2、m_3、m_4として、すべての学生の偏差平方和を求めると次の主効果の平方和になる。

主効果の平方和

$= 18*(65.56-72.25)^2+7*(70.71-72.25)^2+8*(80.63-72.25)^2$
$+7*(81.43-72.25)^2$

$= 806.57+16.51+561.13+589.81$

$= 1974.02$

次に、主効果の平方和を何かと比較して、大きいか小さいかを判断しなければならない。それを次の誤差平方和と比較することになる。誤差平方和は、各学生の成績を所属する部の平均からの偏差で考える。

表7-5の最後の列に各クラブの分散がある。この分散は、各クラブに属する学生の誤差平方和を自由度（データ件数－1）で割ったものである。逆に自由度をかけてやることで、各クラブに属する学生の誤差平方和が分かる。

誤差平方和

＝野球部の誤差平方和＋柔道部の誤差平方和＋その他の誤差平方和＋英会話の誤差平方和

＝17＊野球部の分散+6＊柔道部の分散+7＊その他の分散+6＊英会話の分散

$= 17*217.32+6*70.24+7*174.55+6*172.62$

$= 3694.44+421.43+1221.88+1035.71 = 6373.46$

ここで分散分析表の自由度をもう一度おさらいする。全体の自由度は$40-1 = 39$になる。主効果の自由度は、クラブ数の4から1を引いた$4-1 = 3$になる。これは、野球部に属する場合を1とし属さない場合を0とするようなダミー変数を考える。4つの部で4個のダミー変数を考えることになるが、学生が必ず1つの部にだけ所属する場合、4個でなく3個のダミー変数で十分だからである。なぜなら、英会話のダミー変数がなくても、他の3つのダミー変数の値が0であれば、それが英会話の学生に対応するからである。残差の自由度は、回帰分析の分散分析表と同じである。全体の自由度から主効果の自由度を引いたものになる。すなわち、39−3 = 36が残差の自由度になる。

次の平均平方は、一種の分散である。分散は、偏差平方和を自由度で割ったものである。

主効果の分散 = 主効果の偏差平方和/主効果の自由度
= 1974.02/3 = 658.01
誤差の分散 = 誤差の偏差平方和/誤差の自由度
= 6373.46/36 = 177.04

そして、主効果の分散が誤差の分散に対して十分大きければ、4群の平均値に差があると考えるわけだ。そこで、この比をF値と呼んでいる。母集団で4つのクラブの平均値が等しい場合、このようなF値が現れるp値が0.02になる。

F値 = 658.01/177.04 = 3.72

これで、分散分析のからくりが分かっていただけたと思う。

重要ポイント 分散分析では、回帰分析の予測値に対応するものを各クラブの平均値と考えることで、回帰分析と同じ構造になる。

(4) 分散分析の帰無仮説

さて、分散分析の帰無仮説は、クラブ活動ごとの成績の平均値に差がないと仮定している。その仮定のもとでF値が3.72以上になるような確率を計算する。この理論は統計家が考えたが、それを信じ利用するだけであれば、利用者はこれ以上深入りする必要はない。

p値が0.02で、データ数も少ないので5%を有意水準にすれば、40件のデータから帰無仮説は棄却される。すなわち、“クラブ活動の成績の平均値はすべて等しい”という仮説は棄却されるので、どこかのクラブの平均値に差があることが分かる。

(5) 成績の多重比較

それでは、どのクラブ活動の成績の平均値に差があるのだろうか。これを調べるのが、多重比較である。多重比較は、分散分析の後で行うので事後分析とも呼ばれるが、あくまで棄却された場合に行う。図7-32の［平均の多重比

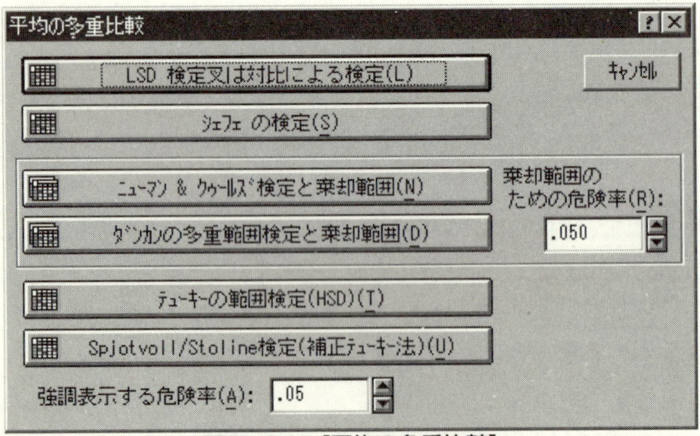

図7-34　[平均の多重比較]

LSD 検定 、変数: 成績 (gakusei9.sta)

継続(C)...

有意確率(強調表示) p < .05000

クラブ活	{1} M=65.556	{2} M=70.714	{3} M=80.625	{4} M=81.429
野球部 {1}		.389846	.011441	.011083
柔道部 {2}	.389846		.158737	.140672
その他 {3}	.011441	.158737		.907754
英会話 {4}	.011083	.140672	.907754	

図7-35　LSD検定

較］をクリックすると、図7-34の［平均の多重比較］が現れる。ここでは、6個の多重比較の検定が選べる。

多重比較は、薬効検定などに用いられ、どの検定を用いるかは統計的に難しい議論がある。しかし、それ以外の分野では、気楽にすべての検定を出力し比較してみれば良い。ここでは、紙面の都合で上から2つを選ぶ。その結果、図7-35と図7-36が表示される。

多重比較は、4群に含まれる6組（${}_4C_2$）の2群の各平均値（たとえば野球部と英会話）に差があるか否かを調べている。これに対して、図7-27の層別箱ヒゲ図では4群を同時に視覚的に評価できた。図7-35のMは各カテゴリーの平均値である。野球部（平均65.556）とその他（平均80.625）の平均値は、p = 0.01で棄却され、差があると考えられる。また、野球部（平均65.556）と英会話（平均81.429）も棄却され差があると考えられる。図7-28では、野球部とその他、野球部と英会話は少し重なっているが、LSD検定では平均値に差があると判定している。

すなわち、層別箱ヒゲ図ではおおよその見当はつくが、最後は検定結果で判断すべきである。

図7-36は、シェフェ検定である。どのクラブ間にも差がないことになる。すなわち、図7-28で見た少しの重なりか

ら平均値に差がないと判定したわけである。

このように、検定法の違いで結果も異なってくることがある。この場合は、すべての結果を事実として併記しておけばよい。

シェフェ 検定 、変数: 成績 (gakusei9.sta)

継続(C)...　有意確率(強調表示) p < .05000

クラブ活	{1} M=65.556	{2} M=70.714	{3} M=80.625	{4} M=81.429
野球部 {1}		.859004	.086894	.084705
柔道部 {2}	.859004		.563862	.525897
その他 {3}	.086894	.563862		.999571
英会話 {4}	.084705	.525897	.999571	

図7-36　シェフェ検定

重要ポイント 層別箱ヒゲ図は、分散分析と多重比較のグラフ表現である。どの2群が重なっているかいないかを調べて、分散分析と多重比較の結果を解釈すればよい。

課題：それでは、自分で支出を分散分析してみよう。

第8章

決定木分析

8・1 今、ビジネス界ではやるもの―データマイニング―

本章では、最近ビジネス分野で流行のデータマイニング（Data Mining）の中でもっとも役に立ち、分かりやすいとされる決定木分析（Decision Tree）を紹介する。

データマイニングとは、世の中にあふれているビジネスデータや画像や遺伝子情報といったこれまで統計分析の対象としなかった分野のデータの中から、ダイヤモンドや油田や金の鉱脈（役に立つ情報）を探す新しい技術である。

従来の統計学とデータマイニングの違いは、取り扱うデータの規模にある。従来の統計学は、数十件から数万件程度の比較的小規模なデータを対象としてきた。これに対し、データマイニングでは数十万件から数百万件の大量のデータを対象にする。

統計学、中でも推測統計学では、少ないデータから一般的な結論を見つけ出すために、確率分布を元にした検定論という精緻で難しい理論が展開される。これが、初心者にとって分かりにくく、統計が一般教養として受け入れられない原因であった。

しかし、データマイニングでは、そもそも取り扱うデータの標本数が膨大なため、検定に重きを置かない。推測統計学では帰無仮説を立て、p値によってその仮説が正しいか否かを判断した。しかし、データマイニングでは標本数が多いため、p値は小さくなりほとんどの場合が棄却され検定論が役に立たなくなる。

すなわち、小標本で何か有用な情報を得ようと欲張るから、検定のような難しい理論が必要になる。そんなもの、

「データさえ多く集めれば、意味がなくなる」というのが、データマイニングの宣伝文句だ。

ここまでは正しい。しかし、新しいアイデアは常に誇大宣伝を伴う。その1つが統計を勉強しないで簡単にビジネス分野で利用できるというものである。

しかし、こうした考えには私は否定的である。データマイニングは、これまでのデータ解析が対象としてこなかった大量のデータの処理に適してはいるが、推測統計学にとって代わるものではない。また、小規模なデータを正しく扱う能力なくして大規模なデータを正しく分析できるはずがない。データによって、使い分ける便利な代替案が増えただけである。

読者は本書で従来の統計学の成果である統計量の扱い方と、その延長線上でデータマイニングの中でもっとも有用な決定木分析の意味を理解してほしい。

8・2 決定木分析の概略

(1) 簡単な紹介

決定木分析は、説明変数（学生のデータで言えば勉強時間や性別など）の値でデータを枝分かれ状で細分化していき（これが決定木と呼ばれる理由）、最終的に幾つかのグループに分ける手法である。最終的なグループは、目的変数（成績）の値の大きなものを含むグループから小さなグループにうまく分類（判別）できる。目的変数が、評価のように質的変数であれば、優の学生を多く含むグループから含まないグループに分類できる。

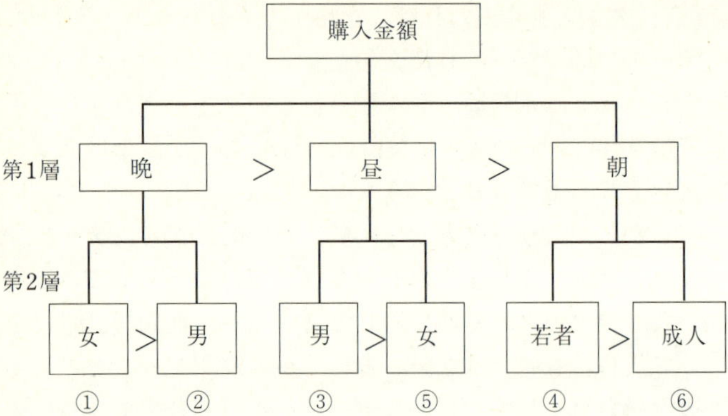

図8-1　コンビニの購入金額による顧客の分析

図8-1の例で紹介しよう。例えば、あなたはスーパーやコンビニエンスストアのマーケッティング担当とする。顧客の1回あたりの購入金額と、性別（男、女）、年齢（若者、成人）、購入時間帯（朝、昼、晩）などのデータが手元にある。この場合、購入金額の多寡（目的変数）で来店客を分類したい。

例えば、最初の顧客を購入時間帯で3つのグループに分ければよいことが示されたとする。すなわち、晩>昼>朝の順に3グループの平均購入金額が少なくなることが分かった。これが、第1層の枝分かれ（分岐）である。

次の枝分かれで、晩のグループは、さらに女>男と分けることが示された。昼のグループは、男>女と分けることが示された。朝のグループは、年齢で若者>成人と分けることが示された。そして、(晩、女性)>(晩、男性)>(昼、男性)＞(朝、若者)＞(昼、女性)＞(朝、成人) の順に平均購入金額が少なくなった。図では①から⑥で順位を示してある。この情報から、色々な販売戦略が考えられる。例えば、晩の時間帯は主婦向けに食材をそろえるとか、云々である。

実際に、通販やクレジット会社でも、顧客の購買情報を分析し、幾つかのグループにグループ化し（セグメント化)、上得意にだけ高級なカタログ誌を送ったり特定商品の紹介を行い、宣伝費の削減と、効果的な販売促進などを行っている。

すなわち、売り上げ、利益、収入、何らかの効果などを他の情報によって分類する問題に利用できる。

(2) なぜ重要か

データマイニングの手法として、決定木分析を取り上げる理由は、次のような点からである。

決定木分析の応用分野は広く、役に立つことである。前述したように、クレジット会社、通信販売、スーパーや百貨店などのビジネス分野で大量に集められた顧客データなどの分析に役に立つ。

製造現場では品質管理が生産性の向上に貢献した。データマイニングやデータ解析は、これまで科学的な管理技術をもたなかったビジネスマンの道具である。

実は、2000年に導入された介護保険の介護度判定においても、この決定木分析が使われている。介護にかかる時間を、患者の属性で幾つかに分類しようというアイデアである。慎重に実施すれば、決定木分析の成功事例となるところであったが、残念ながら拙速に制度化したため導入当初に痴呆症の老人の介護レベルが低く評価されるなどの批判が相次いだ。ビジネス分野の応用と違って、介護は、費用対効果で単純に議論できない難しさがある。

決定木分析は、質的変数と量的変数の両方に適用できるので、一般のデータ解析の分野でも役に立つ。例えば、成績のよい学生と悪い学生を、学生の属性から説明できれば、指導に役立つ。ただし、大学は企業と異なり、データの有効利用が遅れており、このような試みをしているところは少ないだろうが……。

(3) 決定木分析の利点と欠点

従来の統計手法と比較して、決定木分析は次の利点がある。

・従来の統計手法が対象としなかった、ビジネス分野の大規模なデータを対象にできる。

・決定木分析は、アルゴリズムが分かりやすく、結果を理解しやすい。

・決定木分析は、間接的には判別分析やクラスター分析という従来の統計手法と似たような分類を別のアプローチで行う手法である。判別分析は、病人と健康人、優良企業と倒産企業、合格と不合格といったグループを、他の説明変数で予測する手法である。クラスター分析は、グループに関する事前の情報がなく、説明変数からグループ化（クラスターという）する手法である。

・得られた決定木は、IF文を使って表現できるので、分析結果を現実の問題に適用するためのシステム化がしやすい。また、医療における診断論理や、AI（Artificial Intelligence、人工知能）の知識表現はIF文で表現できるのでこれらとも関係してくる。

一方、欠点は決定木分析に限らずデータマイニングのソフトは、一般的な統計ソフトに比べて高額な点である。しかし、決定木分析の場合は、高価なソフトを買わなくても、時間がかかるが、これまで学習した分散分析とクロス集計を用いて分析できる。本章は、SPSS社の販売するAnswerTreeと呼ばれる決定木分析のソフトを使って分析した結果を、STATISTICAの分散分析とクロス集計で理解することを目的としている。これによって、決定木分析のアルゴリズムが理解できる。そして、決定木分析は従来のデータ解析の延長線上にあることが分かる。

(4) AIDとCHAIDについて

決定木分析は、古くからAID（Automatic Interactive Detector）としてマーケッティング分野で知られた手法を発展させたものである。

筆者は、『統計・OR活用事典』（東京書籍）でAIDを紹介した際、面白いが制約が多い手法であると指摘している。AIDは、目的変数が量的変数で、説明変数が性別や喫煙の有無のように2値の値に限定されていたからである。すなわち、データは逐次2分岐される。なぜ、計算時間がかかりアルゴリズムが多少複雑になるにしたとしても、3カテゴリー以上の多分岐にしないのだろうかと不思議に思った。もっとも、問題意識があれば、自分で改良すればよいのに、私にはその才能がないので、それ以上のことをしなかった。

その後数年して、目的変数も説明変数も3カテゴリー以上扱えるCHAID（CHi-squared Automatic Interactive Detector）のことを知った。AIDは、分散分析を逐次適用していくため、目的変数は量的変数、説明変数は2個の質的変数に限られていた。それに対して、CHAIDは目的変数と説明変数を必要ならカテゴリー化し、その後で二重クロス集計を逐次行っていくイメージである。

すなわち決定木分析は、分散分析かクロス集計を逐次的に適用することを人間に代わって自動的に行ってくれるソフトである。

8・3 成績を決定木分析する

(1) AnswerTreeの紹介

ここでは、SPSSのAnswerTreeというソフトに含まれるCHAIDを用いて決定木分析をまず説明する。この手法は、前述したように2分岐に限定されない点、目的変数が質的変数でも量的変数でもよいというように、AIDのもつ目的変数と説明変数に課せられた制約を改善している。

AnswerTreeには、CHAIDの他により探索を綿密に行うExhaustive－CHAIDと、2分岐に限定したC&RTとQUESTの4つの手法がある。これらの手法の評価はすでに行っているが、ここでは紹介しない（巻末参考文献18）。

(2) CHAIDで分析する

図8-2は、CHAIDの実行結果である。目的変数を成績として、説明変数として勉強時間、飲酒日数、性別、喫煙有無、クラブ活動の6変数を指定した。成績のような量的変数を用いた決定木分析を、「回帰木」という。本当なら、「分散木」というべきであろう。

親ノードに含まれる最小の個数を10、子ノードの最小個数を10に指定して、それ以下になると停止する規則を用い

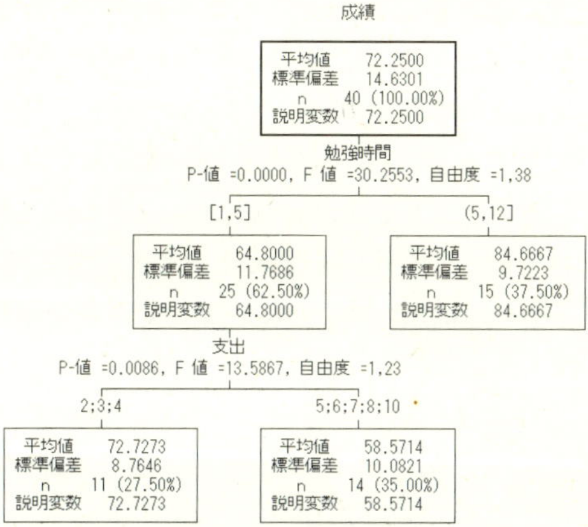

図8-2　ルートノードが量的変数の場合

て分析した。ノードとは、分析過程における一まとまりのグループを表し、図では四角い箱で表されている。ノードの個数は、そのグループに含まれる人数を表す。

図の一番上にあるノードは、ルートノードと呼ぶ。全学生の成績の平均値は72.25点である。標準偏差は14.63である。nは人数が40人であることを示す。説明変数の値は平均値そのものである。

最初の分岐で、勉強時間が［1，5］と（5，12］（この表記法を忘れた方は35頁を読み直してほしい）の2群に分割される。これは、40人の学生を「勉強時間が1時間～5時間以下の学生」と「勉強時間が6時間～12時間以下の学生」に分けることを意味する。勉強時間が多い学生の平均値は、84.66点と全体平均より大きくなる。これに対して、勉強時間の少ないグループは64.8点と低くなる。このように、全体をうまく分割し目的変数の値の大きなグループから小さなグループに分けることが決定木分析の目的である。

読者の中には、「CHAIDでは3群以上分岐させることができるのに、なぜ2群に分岐しているのか？」と疑問をもつ人もいるだろう。ここでは、2分岐になっているのは偶然である。勉強時間を2群に分割しているのは、3群以上に分割するよりも、よく違いを表せることを示す。ちなみに、勉強時間の中央値は5時間である。少し条件を変えれば、勉強時間が3カテゴリー以上に分岐する例も出てくる。

勉強時間で分けられた2つのノードは、ルートノードの子ノードになる。親ノードの40人が、子ノードの25人と15人に分割された。いずれのノードも10人以上である。

次に、勉強時間で分けられた2つの子のノードを親ノードとして、分析が行われる。6時間以上のノードは、15人を2分割すると10人以下の子ノードができるので、これ以上分割できないので停止則により分岐を終了する。そこで、停止しているのでターミナルノードとも言われる。

勉強時間の少ないノードは、これを親ノードとして、支出によって子のノードに再分割される。そして、これらは11人と14人なのでターミナルノードになる。結局、40人の学生は3つのターミナルノードに分割された。

CHAIDの便利な点は、最適な分割を自動的に行ってくれる点である。図8-2の第2層の分岐で、勉強時間が［1, 5］の25人は、支出が［2, 4］の11人と、［5, 10］の14人に2分割される。支出の中央値は4万円であり、2分割に適した値である。勉強時間が［6, 12］の群は15人で、子ノードの制約が10人なので停止則によってこれ以上分割されない。

次に各ノードをもう一度詳細に見てみよう。

最初は、ルートノードである。nはケース数を表し、40人いる。平均値は、成績の平均値が72.25点であることを表す。標準偏差は、14.6301である。

次に、ルートノードが勉強時間で2分割されている。これが第1層になる。勉強時間の少ないノードには25人いて、成績の平均値は64.8点になる。標準偏差は11.7686と親ノードに比べて小さくなっている。勉強時間の多い群は15人いて、成績の平均値は84.67点になる。標準偏差は9.7223と小さくなる。すなわち、全体の72.25点が成績の高い群（84.64点）と低い群（64.8点）に分けられ、バラツキも小さくなった。

勉強時間の少ない群は、たまたま支出によってさらに2群に分割される。支出の少ない群は11人いて、平均は72.73点と親の64.8点より高い。支出が多い群は、逆に平均は58.57点と低くなっている。

すなわち、3つのターミナルノードは、次の順に成績の平均値が悪くなることが分かる。

84.67点（勉強時間が多い）＞72.73点（勉強時間の少ない、支出が少ない）＞58.57点（勉強時間の少ない、支出が多い）

(3) アルゴリズムと停止則

上の例に基づき、アルゴリズムと停止則を説明する。

目的変数が数値で、説明変数が質的変数の場合、思い浮かべる代表的な統計手法は何であろうか。説明変数が2値の場合は、2群の平均値の差の検定すなわち独立2標本のt検定である。2値以上の場合は、2群の分散分析になる。

すなわち、勉強時間を［1, 5］と［6, 12］の2群にカテゴリー化して、成績を分散分析すると表8-1の結果が得ら

	平方和	自由度	平均平方	F値（p値）
グループ間	3700.17	1	3700.17	30.255（0.00）
グループ内	4647.33	38	122.30	
合計	8347.50	39		

表8-1　分散分析

注．表7-4ではグループ間を主効果、グループ内は誤差（残差）と表記しているが同じことを表す。

れる。グループ間（主効果）とグループ内（残差）の自由度が（1，38）で、F値が30.255、p値が0.00である。この値は、図8-2の第1分岐に記された値とほぼ同じである。

すなわち、第1層の分岐では、7個の説明変数の中で成績をもっともよく層別する説明変数として勉強時間が分散分析で選ばれる。

ただしCHAIDでは、勉強時間のような数値変数はデフォルトで幾つかの区間に分割し自動的にカテゴリー化してくれる。そして、すべてを質的変数に変換後、それらを2カテゴリー、3カテゴリー、……に再カテゴリー化し、分散分析を行うわけである。計算機能力の向上に対応して、このような組み合わせを調べ上げるという力仕事をやってくれる点がありがたい。

第2層では、全体を勉強時間で2群に分割し、それらを親ノードにして6個の説明変数を用いて、再度分散分析による評価が行われる。勉強時間を説明変数の候補に含むのは、勉強時間が［1，5］の群であっても、さらに勉強時間を再分割することが考えられるからである。

15人からなる［6，12］の群が、再分岐しないのは、親ノードの個数が10、子のノードの個数が10以下になると、分岐を停止するという停止則のためである。

ゴールドラッシュで成功したのはほんの一握りの人である

決定木の問題点は、このような恣意的な停止則で結果が異なってくることである。子のノードの個数を10より小さい5などにしても、親ノードの分岐にも影響し、第1層で選ばれる分岐も異なってくることがあるので、注意が必要だ。対応策は、条件を何度も変えて再計算し、決定木にどのような違いが現れるか慎重に検討するしか手がないであろう。

データマイニングをばら色の道具のように言う向きもあるが、アメリカのゴールドラッシュで金を探し当てた人はごくわずかである。やはり、本書で紹介したくらいのデータ解析に関する見識がなければ、宝捜しも徒労に終わるであろう。もっともそれ以前に、日本の企業風土は、データに基づいた客観的な情報分析を軽視し、何の根拠もない努力目標が幅を利かせている。これでは、どんな便利な道具も豚に真珠であろう。

8・4 評価を決定木分析する

次に質的変数の評価を目的変数に用いて、決定木分析を行う。これを「分類木」といい、クロス集計を繰り返し、目的変数と独立でない説明変数を探しデータを逐次分類することになる（成績のような量的変数を目的変数にするのは「回帰木」というのは前述した通り）。これが、本来のCHAIDである。

(1) 出力結果

図8-3は、目的変数を量的変数の“成績”でなく、それを4つのカテゴリーにした“評価”を用いている。

多くの大学の評価は、優は80点以上、良は70点以上、可は60点以上、不可は60点未満である。本書でも、7章まではこれに従った。しかし、この場合に得られる決定木の結果が面白くないので、“80＜成績”を1、“70＜成績≦80”を2、“60＜成績≦70”を3、“成績≦60”を4とコード化する。これは、第7章までの評価と異なっていることに注意してほしい。そこで、この変数は「飲酒C」の後に「評価2」として作成する（V13）。多くの統計ソフトでは、デフォルトでは区間の上限に等号を含めるものが多い。またデータも少ないこともあるが、このようなカテゴリー化の違

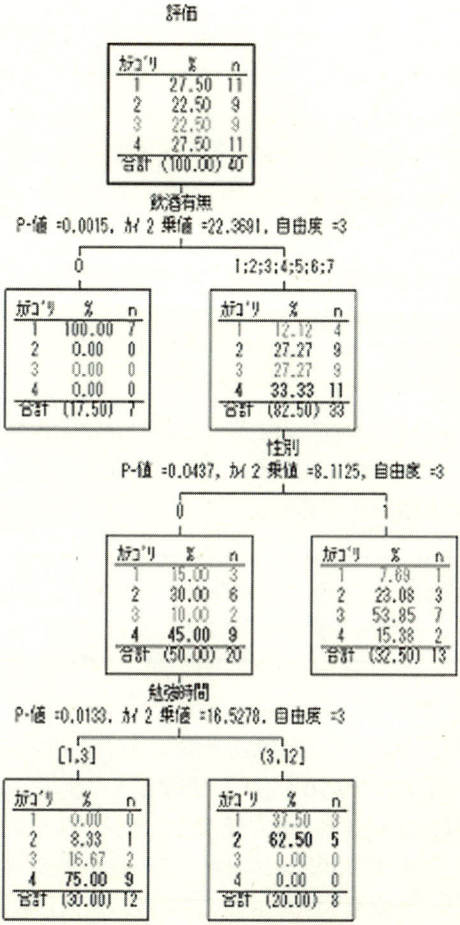
評価
カテゴリ % n
1 27.50 11
2 22.50 9
3 22.50 9
4 27.50 11
合計 (100.00) 40
飲酒有無
P-値 =0.0015, カイ2乗値 =22.3691, 自由度 =3
0
1;2;3;4;5;6;7
カテゴリ % n
1 100.00 7
2 0.00 0
3 0.00 0
4 0.00 0
合計 (17.50) 7
カテゴリ % n
1 12.12 4
2 27.27 9
3 27.27 9
4 33.33 11
合計 (82.50) 33
性別
P-値 =0.0437, カイ2乗値 =8.1125, 自由度 =3
0
1
カテゴリ % n
1 15.00 3
2 30.00 6
3 10.00 2
4 45.00 9
合計 (50.00) 20
カテゴリ % n
1 7.69 1
2 23.08 3
3 53.85 7
4 15.38 2
合計 (32.50) 13
勉強時間
P-値 =0.0133, カイ2乗値 =16.5278, 自由度 =3
[1,3]
(3,12]
カテゴリ % n
1 0.00 0
2 8.33 1
3 16.67 2
4 75.00 9
合計 (30.00) 12
カテゴリ % n
1 37.50 3
2 62.50 5
3 0.00 0
4 0.00 0
合計 (20.00) 8

図8-3　CHAIDの例

いで結果が異なってくるのが、決定木分析の特徴であり、わずらわしい点である。

CHAID（CHi−squared Automatic Interactive Detector）は、名前が示す通り、目的変数と説明変数の二重クロス集計でχ^2検定を行う。ただし、目的変数が量的変数でもよく、その場合は図8-2のように分散分析が用いられる。

図8-3によれば、第1層では勉強時間に代わって、飲酒日数が選ばれる。目的変数の評価は4カテゴリーに固定されているが、説明変数のカテゴリー数は、CHAIDが自動選択する。すなわち、6個の説明変数のうち、飲酒日数が0日と1日以上の2カテゴリーにしたものが選ばれた。条件を変えれば、3カテゴリーや4カテゴリーも現れるであろう。

図8-2の回帰木の結果と異なるのは、決定木分析の特徴である。よい結果を得ようと思えば、手法や停止条件を変えて何度も試行する必要がある。

重要ポイント 決定木分析で得られた結果は、データに含まれる数多くある事実のうちの1つにすぎない。

(2) 第1層

実は上記のような決定木分析は、AnswerTreeを使わなくても、手間はかかるがSTATISTICAを使っても行える。以下では、図8-2を分散分析でシミュレーションすることは省略し、図8-3をクロス集計でシミュレーションする。

読者は、成績を4カテゴリーに分け、飲酒日数を0日と1日以上の2カテゴリーに分けた新しい変数を作って、クロス集計で表8-2から表8-4の結果が得られることを確かめ

	飲酒有無 G_1:0	飲酒有無 G_2:1	行合計
優	7	4	11
良	0	9	9
可	0	9	9
不可	0	11	11
合計	7	33	40

表8-2　クロス集計要約表：観測度数

	飲酒有無 G_1:0	飲酒有無 G_2:1	行合計
優	1.925	9.075	11
良	1.575	7.425	9
可	1.575	7.425	9
不可	1.925	9.075	11
合計	7	33	40

表8-3　クロス集計要約表：期待度数

	飲酒有無 G_1:0	飲酒有無 G_2:1	行合計
優	5.075	−5.075	0
良	−1.575	1.575	0
可	−1.575	1.575	0
不可	−1.925	1.925	0
合計	0	0	0

表8-4　クロス集計要約表：残差（観測度数−期待度数）

てみよう。そして、図8-3の第1層の結果を検証してみよう。

表8-2の“行合計”列の（11，9，9，11）は、図8-3の親ノードのカテゴリーの度数（n）に対応している。これを、飲酒日が0日と1日以上に分けると、表8·2のように（7，0，0，0）と（4，9，9，11）に分かれるが、図8-3の第1層で分岐した2つの子のノードの度数になる。

表8-3は、期待度数を表す。表8-4は、残差を表す。第7章でも述べたが、表8-4のようなクロス集計の要約表では、残差が多い部分に注目する。表を見ると、G_1：0すなわち「飲酒なし」の群では5.075がもっとも大きい残差で、「飲酒あり」の層では1.925がもっとも大きい残差になる。このことから、飲酒なしの群では、カテゴリー1（成績が81点以上）の学生が多く、飲酒ありの群ではカテゴリー2以下（良以下）の学生が多いことが分かる。

ここで飲酒と評価の2つの変数が独立かどうかを「ピアソンとM−Lカイ2乗」で検定すると、ピアソンのカイ2乗値は、22.36915になる（χ^2値の求め方は236頁参照）。

$$\chi^2\text{値} = (5.075)^2/1.925 + (-5.075)^2/9.075 + \cdots\cdots$$
$$= 22.36915$$

自由度は3なので、図7-5の[確率分布の計算]でp値を計算すると0.00005になる。図8-3のAnswerTreeによるp値は0.0015と食い違いを見せているが、AnswerTreeとSTATISTICAという2つの統計ソフトによる計算誤差であろう。

以上から、第1層は、目的変数の評価と飲酒有無のクロス集計であることが分かる。そして、説明変数の飲酒有無でよってデータが2分され、次の第2層の分析に用いられる。

(3) 第2層

それでは第2層を確認してみよう。第2層以下では、データの一部を使ってクロス集計を行うことになる。図8-4のクロス集計表のウインドウで、右側の真ん中にある［ケース］のボタンを押して、図8-5の［ケース選択条件］のウインドウで“V6> = 1”と入力し［OK］ボタンを押すことで、飲酒日数（V6）が1日以上のものが選ばれる。

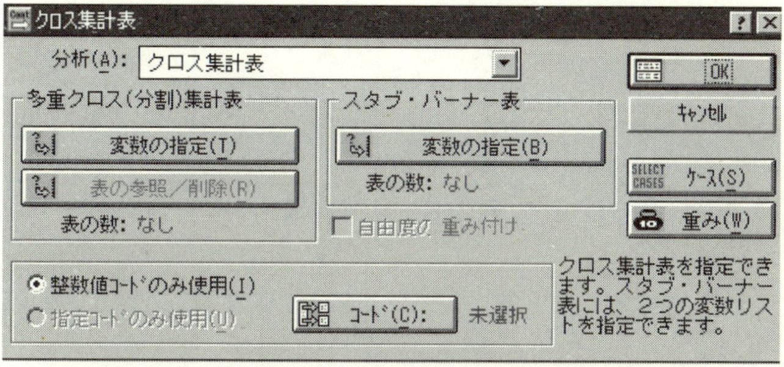

図8-4　クロス集計表

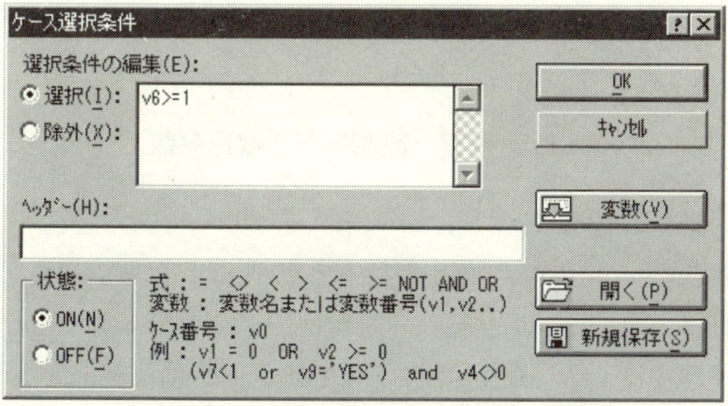

図8-5　［ケース選択条件］のウインドウ

注．データ全体から、一時的にこの条件のデータが選ばれ、分析対象になる。図8-5の条件を消せば、元の全体のデータで分析できる。

	性別 男性	性別 女性	行 合計
優	3	1	4
良	6	3	9
可	2	7	9
不可	9	2	11
合計	20	13	33

表8-5　観測度数

	性別 男性	性別 女性	行 合計
優	2.424	1.576	4
良	5.454	3.545	9
可	5.454	3.545	9
不可	6.667	4.333	11
合計	20	13	33

表8-6　期待度数

	性別 男性	性別 女性	行 合計
優	0.576	−0.576	0
良	0.545	−0.545	0
可	−3.455	3.455	0
不可	2.333	−2.333	0
合計	0	0	0

表8-7　残差（観測度数−期待度数）

次に、飲酒日数が1以上の33人を親ノードとして、成績と性別の二重クロス集計を行うと、表8-5から表8-7の結果が得られる。

ピアソンのχ^2統計量は8.1125で、p値は0.04375で5%で棄却される。図8-3の第2層結果と同じことを確認してほしい。残差から、飲酒する男子学生は不可が多く、女子は可が多いことが分かる。

(4) 第3層

飲酒日数が1日以上（V6> = 1）で性別が0（男性、V1 = 0）のものを、図8-6で「V6> = 1 AND V1 = 0」と入力し、成績と勉強時間で（新たにカテゴリー化する必要がある）クロス集計すると、表8-8から表8-10の第3層が計算できる。

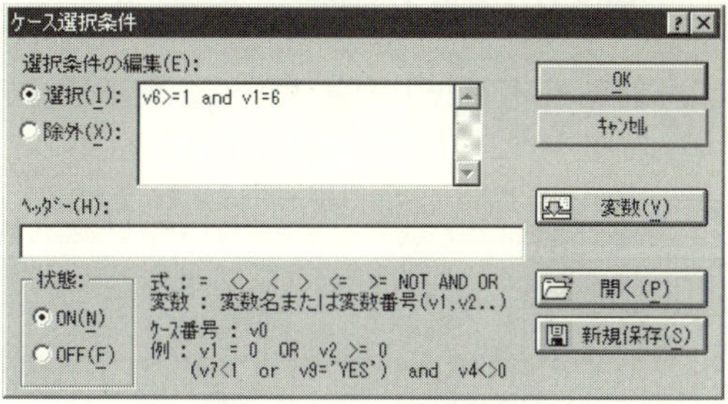

図8-6　ケース選択条件

	勉強2 3時間迄	勉強2 4時間超	行 合計
優	0	3	3
良	1	5	6
可	2	0	2
不可	9	0	9
合計	12	8	20

表8-8　観測度数

	勉強2 3時間迄	勉強2 4時間超	行 合計
優	1.8	1.2	3
良	3.6	2.4	6
可	1.2	0.8	2
不可	5.4	3.6	9
合計	12	8	20

表8-9　期待度数

	勉強2 3時間迄	勉強2 4時間超	行 合計
優	−1.8	1.8	0
良	−2.6	2.6	0
可	0.8	−0.8	0
不可	3.6	−3.6	0
合計	0	0	0

表8-10　残差（観測度数－期待度数）

ピアソンのχ^2統計量は16.52778で、p値は0.00088で棄却される。残差から、20人の飲酒する男子学生は、勉強時間が3時間以内のものは不可、4時間以上は良が多いことが分かる。

(5)　まとめ

以上で、決定木分析の中で一番代表的なCHAIDが、分析対象のデータを全体から重なりのないセグメントに分割し、そのデータで目的変数と説明変数の間で二重クロス集計を繰り返していけばよいことが分かった。

組み合わせの可能性やカテゴリー化を、パソコンの能力を利用して徹底的にやってくれる。

ただし、読者が、高価なソフトを入手しないで、STATISTICAで行うには、事前に説明変数のカテゴリー化を行い比較検討の組み合わせ数をうまく減らすことが必要になる。

8・5　解析結果をどう評価するか

(1)　樹木図

決定木分析の結果の評価は、図8-7の樹木図に示されるターミナルノード1、4、5、6を評価することになる。樹木図は、図8-3にノード番号を振ったものであるが、

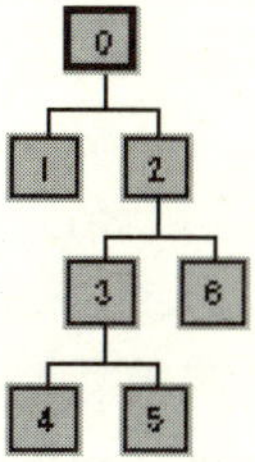

図8-7　樹木図

AnswerTreeのノード番号のつけ方には規則性がなく多少問題がある。全データが、この4個のターミナルノードに分割されたので、これを評価することになる。

(2)　応答表

表8-11は、このターミナルノードを評価する応答表である。

1列目は図8-7で示したノード番号で、2列目はそこに含まれる学生数を表す。ノード1すなわち第1層で停止した飲酒日数0日のノードには、7人の学生が含まれることが分かる。3列目は、比率を表す。すなわち、ノード1の7人は、全体の17.5%であることが分かる。

4列目の数字が各ノードの正答数である。分岐が正しかったどうかは、この正答数をもとに判断する。正答とは、

ノード	ノード:n	ノード:%	正答数:n	正答率:%	応答率(%)	インデックス(%)
1	7	17.5	7	63.64	100.00	363.64
5	8	20.0	3	27.27	37.50	136.36
6	13	32.5	1	9.09	7.69	27.97
4	12	30.0	0	0.00	0.00	0.00

表8-11　応答の要約

一番注目するカテゴリーのことである。成績の場合、「優」にすれば成績のよいことに注目し、「不可」にすれば不合格者に注目して分析することになる。この場合で言えば、成績がカテゴリー1の「優」の学生（81点以上の成績）を正答としている。ノード1の7人全員が優となる。この点は、酒好きな私にとって不満な結果である。

5列目の正答率63.64％は、優をとった7人が、優全体の11人中に占める比率を表す。6列目の応答率は、正答数をノードに含まれる人数で割ったものである。すなわち、ノード1はすべての学生が優であり、ノード4は優の学生がいないことを表す。

最後の「インデックス」は、応答率をルートノードにおける優の比率（11/40）で割ったものである。すなわち、各ターミナルノードに含まれる優の比率が全体に比べて何倍であるかを示す指標である。

ノード1では、100/(11/40)＝363．64である。すなわち、ノード1は全体の優の平均より3.6倍多く、ノード5も1.3倍ほど多い。これに対して、ノード6と4は、全体よりも優の割合が少ないことが分かる。結局このインデックスの大小順にノードを並べることで、優を多く含むノードから少ないノードに順序づけられる。

すなわち、ノード1（飲酒しない学生）は、優の学生が一番多い。次は、ノード5（飲酒する男子学生のうち勉強時間が4時間以上）であることが分かる。ノード6（女子学生で飲酒する）は3番目であり、ノード4（男子学生で飲酒し勉強時間が3時間以内）が一番成績が悪いことになる。

(3) 順序づけは慎重に

このような順序づけは、納得いくまで十分に検討する必要がある。公的介護保険では、特別養護老人ホームの介護調査データを決定木分析で分析した研究がベースになっている。問題になっている順位の逆転（痴呆老人が低く評価される）は、インデックスで順序づけられた介護の難易度が、重なりも多く現実にうまく対応していないのであろう。

これに対して、マーケッティング等で決定木分析の成功事例が取り上げられている。この場合は、例えば販売金額を目的変数として、購買者の属性によってセグメント化する。そして、一番販売金額の大きな層にダイレクトメールやサービスを集中させようという場合が多い。このとき、順序づけが問題にならない。これまでのやり方に比べて、どれだけ費用対効果がよかったかで評価できるので問題が起こらないわけだ。

つまり、ビジネス分野では取りこぼしがあっても費用対効果があればよいが、福祉ではそれが許されないという点に大きな違いがある。

(4) 誤分類確率

分析結果は、表8-12の誤分類行列で評価できる。

列方向の“実際のカテゴリー”は、評価の優（1)、良(2)、可（3)、不可（4）を表す。行の“予測カテゴリー”は、決定木分析で得られた各ターミナルノードごとに、一番度数の多いカテゴリーにそのグループ全員が属することにして集計したものである。例えばノード1は、すべてが優の学生7人であり、予測カテゴリーは「優」を表す「1」となる。

2行目はノード5の分類結果である。優が3名、良が5名

誤分類行列		実際のカテゴリー				
		1	2	3	4	合計
予測カテゴリー	1	7	0	0	0	7
	2	3	5	0	0	8
	3	1	3	7	2	13
	4	0	1	2	9	12
	合計	11	9	9	11	40

推定誤差	0.3
標準推定誤差	0.0725

表8-12　誤分類行列

いて良が一番多いので、このノードは、良すなわちカテゴリー「2」と判定される。

3行目はノード6の分類結果である。優が1名、良が3名、可が7名、不可が2名いて可が一番多いので、このノードは可すなわちカテゴリー「3」と判定される。

4行目はノード4の分類結果である。良が1名、可が2名、不可が9名いて不可が一番多いので、このノードは不可すなわちカテゴリー「4」と判定される。

ターミナルノードの予測カテゴリーが、評価の4カテゴリーにうまく対応したのは、偶然である。一般的には、複数のターミナルノードが、同じ予測カテゴリーに判定されるだろう。

また、実際のカテゴリーが、予測カテゴリーにうまく対応しないこともある。その場合は、目的変数のカテゴリー化がまずいことが考えられるので、再カテゴリー化する必要がある。

表8-12（誤分類行列）の対角要素の7、5、7、9人は、正しく判別された学生数を表す。合計は28人で、全体の70％（＝28/40）になる。すなわち、正答率は70％で、誤分類率は30％になる。表の推定誤差0.3は、この誤分類率を表している。標準推定誤差（誤分類率の標準誤差）から、推定誤差の95％信頼区間を計算できる。すなわち、誤分類の範囲は［0.3−0.0725*2.02，0.3+0.0725*2.02］＝［0.15，0.45］と考えればよいだろう。データ数が少ないので、最悪の場合の誤分類率は45％にもなる。

実はこの標準誤差0.0725の計算式は筆者も調べていないし興味もない。ただ読者と同じく利用の仕方は分かっている。

(5) 判別ルール

決定木分析の結果は、図8-8の（If　Then）文で表すことができる。ノード1のルールは、飲酒有無が欠測値（MISSING）でなく0以下であるなら、ノード1とすることを表している。この規則を分析に用いていない外部標本に適用してみて、このルールが信頼できるか否かの外部標本による検討すなわちExternal　Check（クロスバリデーション）を行うことが重要である。その結果がよければ、実用化を検討してもよさそうだ。

公的介護保険の問題は、十分な時間のないまま、在宅介護を対象とするExternal　Checkを省いたためであろう。人の幸不幸に関わる場合、はやる心を抑えて十二分にExternal　Checkを行う必要がある。

```
/* ﾉｰﾄﾞ 1*/
IF (飲酒有無 NOT MISSING  AND  (飲酒有無 <= 0))
THEN
   ﾉｰﾄﾞ = 1
   予測値 = 1
   確率 = 1. 000
/* ﾉｰﾄﾞ 4*/
IF (飲酒有無 IS MISSING  OR (飲酒有無 > 0))
AND  (性別 IS MISSING  OR (性別 <= 0))  AND
(勉強時間 IS MISSING  OR (勉強時間  <= 3))
THEN
   ﾉｰﾄﾞ = 4
   予測値 = 4
   確率 = 0. 750
/* ﾉｰﾄﾞ 5*/
IF (飲酒有無 IS MISSING  OR (飲酒有無 > 0))  AND
(性別 IS MISSING  OR (性別 <= 0))  AND
(勉強時間 NOT MISSING   AND  (勉強時間 > 3))
THEN
   ﾉｰﾄﾞ = 5
   予測値 = 2
   確率 = 0. 625
/* ﾉｰﾄﾞ 6*/
IF (飲酒有無 IS MISSING  OR (飲酒有無 > 0))  AND
(性別 NOT MISSING   AND  (性別 > 0))
THEN
   ﾉｰﾄﾞ = 6
   予測値 = 3
   確率 = 0. 538
```

図8·8　判別ルール

8·6 Internal CheckとExternal Check

(1) 応用上重要なこと

実際のデータを分析するデータ解析では、Internal CheckとExternal Checkの役割を理解することが重要である。

Internal Checkとは、今回の場合では、分析に用いた40人の学生のデータで、分析結果を評価することである。評価項目としては、

1) 誤分類行列による誤分類確率が小さいこと
2) 採択された説明変数とその判別ルールが妥当であること
3) インデックスによる順位づけが妥当であること

などである。

今回は推定誤差が悪いので、実用化は無理である。もし、Internal Checkの成績がよければ、次にExternal Checkに進むことになる。

External Checkとは、分析の結果得られた図8-8に示す判別ルールを新規のデータに適用して、得られた結果がInternal Check同様に、納得いく結果であるか否かを検討する。

(2) なぜExternal Checkが必要か

判別分析では、解析に用いる説明変数が多いほど、あるいは解析に用いる標本ケース数が少ないほど、標本誤分類確率（表8-12の推定誤差のこと）は母誤分類確率に比べて過小評価されることが分かっている（巻末参考文献17)。

すなわち、意図的に判別成績を上げようと思えば、説明

変数を多く用い、少ないデータで解析すればよい。しかし、その結果を新しいデータに適用すると、判別結果が悪くなることを示している。

このため、比較的少数のデータを用いて多くの医学論文が書かれているが、現実への適用に至ることが少ないのはこのためである。

これに対して、大きなサンプルを扱うデータマイニングでは、データを自動的に分割し、一方を内部標本、他方を外部標本としてクロスバリデーションを行ってくれる。

(3) 介護保険の問題点

介護保険のもう一つの問題点は、特別養護老人ホームで調査したデータの分析結果を、在宅介護までいっきに適用したことであろう。すなわち、対象母集団が異なっている場合には注意がいる。

実施上の時間制約があったのであろうが、まず特別養護老人ホームで適用し、問題点を洗い出した後、在宅への適用を試みる慎重さが必要であった。

また、偏差値による大学生の評価も、何を母集団として想定しているかをよく考えるべきである。受験科目数を少なくしたり、一般入試の合格者数を少なくすれば偏差値を上げることができる。しかし、基礎学力のない学生が、大学に入ってから四苦八苦しているのはかわいそうだ。

8·7 決定木分析の役割

(1) 決定木分析の長所

同じデータであっても、色々な統計手法でアプローチできる。多くの場合、それらは似た結果を導くであろう。しかし、手法の特質によって違いも現れてくる。

本書では取り上げなかったが、回帰分析の逐次変数選択法という手法を用いれば、勉強時間と支出が成績の予測に有効であるという結論になる。回帰分析は40人のデータ全体で共通する情報を引き出している。これに対して、決定木分析では、勉強時間の少ない学生は支出で細分し、勉強時間の多い学生は性別で細分すればよいというような、分類をうまく行い、何トンもある鉱石から数グラムの金を得るような価値のある情報を探すことに主眼がある。

すなわち、専門家でなければ多重クロス集計からうまく情報を引き出せない。決定木分析は、それをコンピュータの超人的な計算能力で助けてくれる。

(2) 柔軟で謙虚な心をもとう

新しい技術が現れると、必ず過大評価が行われる。柔軟で謙虚な心をもつことが必要だ。

多くの私立大学の文科系の一般入試は、英語、国語、そして選択科目（私の学部では世界史・日本史・数学から1科目）の3教科型が多い。そして、素点合計か偏差値合計で合格が決まる。

話を簡単にするため、英語と国語の2教科型で、各100点満点で素点合計が105点以上を合格、104点以下を不合格としたとする。受験生の得点分布が、図8-9のような2次元の正規分布をする散布図になった。

読者は容易に分かる通り、$f(x)=$(英語)+(国語)-104.5という関数を考えて、受験生の英語と国語の得点をこの式に代入し、$f(x)>0$であれば合格、$f(x)<0$であれば不合格と

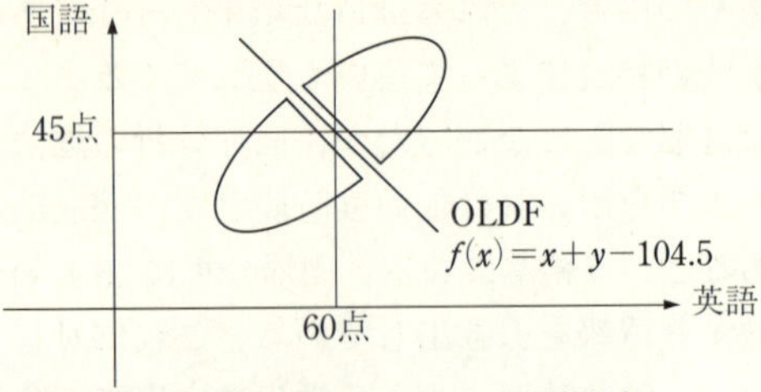

図8-9　入試のOLDFにより合否判定

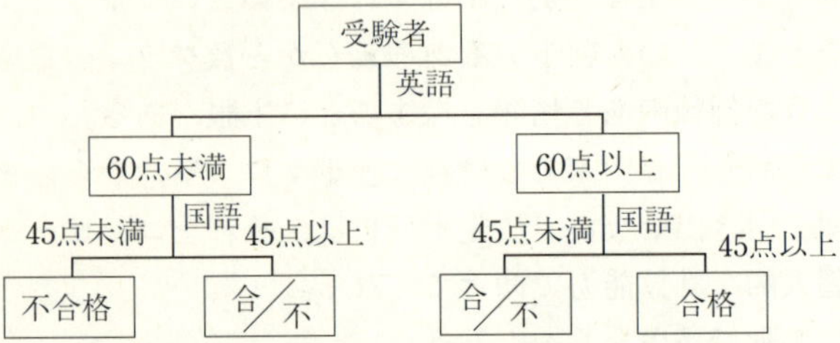

図8-10　入試の決定木による合否判定

すればよい。この関数が、実は線形判別関数である。そして誤分類率は0である。

しかし、代表的なFisherの線形判別関数は、合格と不合格の2群がそれぞれ正規分布であるとして、この関数を求めている。このデータは全体として正規分布であるとみなすことができても、それを図のように2分割しているので、実際の合格と不合格は正規分布にならない。このため、上記の関数$f(x)$とは少し違ったものが求まり、誤分類もゼロでなくなる。

一方、決定木分析は図8-10のように、英語の60点で第1層の層別が行われ、第2層では国語の45点で分岐したとしよう。図8-9に書き込まれた2直線で4つの領域に分割される。そして、図8-10のように2つのターミナルノードで、合格と不合格者が交じり合い、誤分類が0でなくなる。

これに対して、私が数理計画法と呼ばれる方法で開発した判別関数（Optimal Linear Discriminant Function，略してOLDF）は、この$f(x)=$(英語)+(国語)-104.5を導き出してくれる（巻末文献10-16)。

私の言いたいことは、どんな理論もオールマイティでなく、適不適があるということである。最後に、柔軟で謙虚な心をもって、みのりある21世紀の情報化社会を、目標に向かって進んでください。

参考文献

1) 新村秀一(1995):『パソコンによるデータ解析』(講談社ブルーバックス)

2) 新村秀一(1997):『パソコン楽々統計学』(講談社ブルーバックス)

3) 新村秀一(1999):『パソコンらくらく数学』(講談社ブルーバックス)

4) 新村秀一(1994):『SPSS for Windows入門』(丸善)

5) 新村秀一・高森寛(1987):『統計処理エッセンシャル』(丸善)

6) 新村秀一(1993):『意思決定支援システムの鍵』(講談社ブルーバックス)

7) 豊田秀樹(1998):『調査法講義』(朝倉書店)

8) 狩野裕 (1997)『AMOS EQS LISRELによるグラフィカル多変量解析－目で見る共分散構造分析－』(現代数学社)

9) 山本嘉一郎、小野寺孝義編著(1999):『Amosによる共分散構造分析と解析事例』(ナカニシヤ出版)

10) 新村秀一(1999)、数理計画法を用いた最適線形判別関数、「計算機統計学」11 (2)、89−101

11) 新村秀一·垂水共之(1999)、2変量正規乱数データによるIP−OLDFの評価、「計算機統計学」12 (2)、107−124

12)−16) 新村秀一(2002)、連載講座『ORと統計の融合－数理計画法を用いた最適線形判別関数』、「オペレーションズリサーチ」1月号−5月号

17) A.Miyake & S.Shinmura, Error rate of linear discriminant function, F.T. de Dombal& F.Gremy (editors) 435−445, North−Holland publishing Company, 1976

18) 新村秀樹・新村秀一(2002)、決定木分析のモデル選択に関する考察 (1)、オペレーションズリサーチ春季研究発表会、142 − 143

注. 私の著書が大半で、他の研究者の文献の引用が少ないのは、単に勉強不足の為です。

まとめ

■本書の主張

統計学は、現実の身の回りのデータから情報を引き出す実践的な学問である。統計量の正しい解釈を本書で理解し、統計ソフトを用いて身の回りのデータを分析し、統計レポートを作成することを出発点にしよう。標準誤差を用いて95％信頼区間を四則演算で計算できることと、帰無仮説の下で出てくる確率（p値）による二者択一ができるだけでよい。

■統計一般

●統計学の分類

記述統計学、推測統計学として発展してきて、最近では統計ソフトの発達で、データ解析とかデータマイニングと呼ばれる実践的な統計学が台頭してきた。

●統計量

データから、決められた規則で導き出される合計や平均などの情報。

●記述統計学

分析対象の全データを対象として、合計や平均などの統計量を議論する学問。

●推測統計学

分析対象（母集団）からサンプリングされた一部のデータ（標本）の統計量から、母集団の統計量（母数）を推測する、厚かましいが有用な学問。実験データや調査データを主として対象とする。このため、標本の統計量とその標準誤差が分かれば、95％信頼区間を計算して、母数を推測することになる。

●データ解析あるいはデータマイニング

ビジネス分野などで発生するデータから、有用な情報を抽出する学問。日本の多くの大学における統計教育は、統計研究者を育てる推測統計学の講義中心の教育に偏っていて、高度な分析を行うユーザーを育てるデータ解析教育がまだ行われていないことに問題がある。

●変数

分析対象の特徴を表す計測値（項目）。性別などの質的変数（カテゴリー変数）と、成績や売上高などの数値で表される量的変数（数値変数）に分かれる。質的変数か量的変数かで、適用される統計手法が異なってくる。

●質的変数（カテゴリー変数）

変数の値が性別などの分析対象をグループ化する計測値。1個の質的変数は度数表、2個以上の質的変数はクロス集計で分析する。また、データを層別（グループ化）し分析するのに用いる。

●量的変数（数値変数）

変数の値が数値で計測されるもの。1個の量的変数はヒストグラムと基礎統計量で、2個の量的変数は散布図行列と相関係数で、3個以上の量的変数は主成分分析やクラスター分析で分析した後、回帰分析や判別分析の予測手法で分析する。

■1個の変数から情報を引き出す

●度数表

質的変数の各値が取るデータ件数を表にしたもの。度数に比例した棒グラフでグラフ化される。量的変数では、一定の区間幅で数値データをカテゴリー化し、その区間に含まれる度数表を作成する。そしてヒストグラムでグラフ化する。

●相対度数

度数表で、各値や区間に含まれる度数の全体における比率を表す情報。

●パーセンタイル（パーセント点）

量的変数である値（区間）以下に含まれるケースの全体に対する比率。その比率がp％であれば、それをp％点という。

●四分位数

データ全体を4等分する値。25％点を第1四分位数（Q1）、50％点を第2四分位数（Q2）、75％点を第3四分位数（Q3）という。Q2は、中央値ともいう。これらの値で、箱ヒゲ図が描かれる。

●累積相対度数

量的変数である区間以下に含まれるケースの全体に対するパーセント点。

●分布

データ全体を1にした比率でもって棒グラフやヒストグラムを描いてデータの取る形状を把握する。

●分布の形状

正規分布を中心に、5つの分布に分類してみることを本書で提案している。分布の形状によって、どの基本統計量を用いるか異なってくる。

●基本統計量

1個の量的変数から導かれる統計量。分布の代表値、分布のバラツキ、分布の形状を表す統計量に分かれる。この他、異なった分布を比較する、変動係数やジニ係数がある。

●分布の代表値

平均値（合計をケース数で割ったもの）、中央値、最頻値でもって、たくさんあるデータを1個の数値で把握するために用いる。正規分布の場合は平均値が、そうでない場合は中央値を用いる。

●最頻値

度数表で、一番大きな度数を持つ値あるいは区間。平均値、中央値とともに分布の代表値という。

●中央値

データを2分する50％点（Q2）。

●代表値の関係

右に裾を引く分布では、最頻値≦中央値≦平均値の関係がある。左に裾を引く分布では、平均値≦中央値≦最頻値の関係がある。左右対称であれば、最頻値＝中央値＝平均値の関係がある。

●分布のバラツキ

範囲、四分位範囲、標準偏差が代表的。これらで決まる区間にデータ全体の決められた比率が補足できる。

●範囲

（最大値－最小値）。この区間に100％のケースが含まれる最小の値。

●四分位範囲

（Q3－Q1）。この区間に50％のケースが含まれる最小の値。

●標準偏差（s, SD）

分散の平方根。SQRT（分散）。正規分布であれば、平均と標準偏差で作られる区間に含まれる比率が分かる。あるいはデータが平均からどれだけ離れているかは、偏差が標準偏差の何倍であるかで考える。

●分散

偏差平方和を自由度（ケース数－1）で割ったもの。

●偏差

実際の値x_iからxの平均mを引いたもの（$x_i - m$）。これが計算できれば、統計のほとんどが理解できる。

●偏差平方

$(x_i - m)^2$。

●偏差平方和

偏差平方の合計。$\Sigma (x_i - m)^2$。

●正規分布

平均をm、標準偏差をsとして、

$$f(x) = \frac{1}{\sqrt{2\pi}s} e^{-\frac{(x-m)^2}{2s^2}}$$

で表される分布。平均を中心に左右対称な1山型の分布。平均mと標準偏差sの正規分布を$N(m, s^2)$と表す。たとえば、区間［$m-1.96*s$, $m+1.96*s$］（$m-1.96*s \leqq x \leqq m+1.96*s$）に95％のデータが含まれる。

●標準正規分布

$N(0, 1)$の正規分布。

●分布の形状を表す統計量

歪み度と尖り度で、ヒストグラムを分類した5つの分布が判断できる。

●歪み度

各偏差の値を標準偏差で割った $(x-m)/s$ を基準化した偏差という。これを3乗して合計を取りケース数で割ったもの。分布が左右対称であれば0、値の大きな方に裾を引いていれば正、値の小さな方に裾を引いていれば負になる。

●尖り度

基準化した偏差を4乗して合計を取りケース数で割ったもの。ただし、最近では修正されこの値からほぼ3を引いたものが用いられる。正規分布であれば0、大きな外れ値があれば正、データのバラツキが少ない（裾が短い）場合は負になる。

●分布の形状と基本統計量の関係

正規分布の場合は平均と標準偏差を用いる。歪み度と尖り度は0。右に裾を引く分布では中央値と四分位範囲を用い、歪み度と尖り度は正になる。左に裾を引く分布では中央値と四分位範囲を用い、歪み度は負、尖り度は正になる。両側に裾を引く分布では中央値（あるいは平均）と四分位範囲（あるいは標準偏差）を用い、歪み度と尖り度は正になる。裾の短い分布では中央値（あるいは平均）と四分位範囲（あるいは標準偏差）を用い、歪み度は0、尖り度は負になる。

■2個の量的変数から情報を引き出す

●散布図

2個の量的変数の値を2次元にプロットしたものを散布図という。右肩上がりの直線傾向があれば正の相関、右肩下がりの直線傾向があれば負の相関、なければ無相関という。

ただし、データに曲線的な傾向や、分裂している場合はデータを層別して考えないと相関係数の意味を読み誤る。散布図は、相関係数の視覚表現であり、単回帰分析の入り口になる。

●行列散布図

すべての量的変数の散布図をうまく1つの図に表したもの。

●相関係数

2個の量的変数に、直線的な増加傾向あるいは減少傾向があるかを調べる。散布図で事前に検討しないと解釈を間違えやすい。

●単回帰分析

2個の量的変数に直線的な傾向があり、一方が原因（説明変数たとえばx）であり、他方が結果（目的変数たとえばy）であれば、回帰分析による予測が$\hat{y}=\mathrm{a}+\mathrm{b}x$という式で行える。aを定数項あるいは$y$切片、bを回帰係数という。

●残差

回帰分析で$e=y-\hat{y}$を残差という。残差は一種の偏差であり、好ましくない雑音のような場合に残差という言葉が用いられる。

■3個の量的変数から情報を引き出す

主成分分析やクラスター分析を用いれば、3個の量的変数から情報を引き出すことができるが、本書では紹介していない。ただし、目的変数と複数の説明変数の関係を調べる決定木分析を紹介している。

■1個の質的変数の分析

度数表と棒グラフで考える。

■2個以上の質的変数の分析

●クロス集計

n個の質的変数の各値の組み合わせごとの度数を求める。質的変数間の関係を調べる。決定木分析に利用。

■分散分析

●箱ヒゲ図

最小値、Q1、Q2、Q3、最大値の情報を箱とヒゲでグラフ化。あるいは、平均の95%信頼区間を表す場合もある。

●層別箱ヒゲ図

異なった変数や複数の層別されたグループのデータの比較や平均値に差があるかどうかに利用できる。

●分散分析

複数のグループの平均値に差があるかどうかを調べる手法。2群の場合、独立2標本のt検定という特殊な手法がある。層別箱ヒゲ図で視覚的に検討した後、分析結果を解釈すればよい。

■データマイニング

●データマイニング

大量のビジネスデータから有用な情報を引き出すための、統計学やAIや情報技術を統合した新しいデータ解析の手法。決定木分析が特に分かりやすく有用。決定木分析が、クロス集計と分散分析の応用であると分かってもらえれば、本書を理解したリトマス試験紙になる。

■推測統計学

●標準誤差（Standard Error，SE）

賢い統計ユーザーは、標準誤差が分かればよい。標準偏差がデータのバラツキを表しているのに対し、標準誤差は標本の統計量のバラツキを表す。計算式は、もし標本統計量が何個も求まったとしたら、それをあたかもデータのように考えて標準偏差の式に代入すればよい。平均値、標準偏差、歪み度、尖り度、回帰係数の標準誤差が知られている。

●95％信頼区間

平均値がmで標準偏差がSDの場合、平均値の標準誤差はSD/$\sqrt{n}$であることが統計研究で分かっている。標本のデータは［$m-1.96*\mathrm{SD}$，$m+1.96*\mathrm{SD}$］の区間に95％の確率でバラツく。SDの代わりにSEを入れたものを平均値の95％信頼区間という。この区間は、95％の確率で、母集団の平均を含んでいる。標本平均のmを母集団の平均μの推定値とすることを点推定、平均値の95％信頼区間に母集団の平均μがあると推測することを区間推定といっている。平均値の代わりに歪み度、SEに歪み度の標準誤差を代入して、歪み度の95％信頼区間が計算できれば、同じことがいえる。もし母数が0かどうかの判断が重要であれば、この区間に0が含まれるか否かを判断すればよい。t検定でも判断できる。

●帰無仮説

母集団で仮定した仮説。その仮説の下で標本が現れる確率（p値）を計算し、その値が0.05以下ならまれな事象になったのは母集団の仮説が間違っているからと判断する。0.05以上ならあたりまえの事象なので母集団の仮説を受け入れる。推測統計学は、帰無仮説の二者択一問題である。AならばBになる。ただしBはありえない事象である。これは、Aという仮説が間違っているからという、背理法の一種である。

●t分布

正規分布と同じ平均を中心に左右対称な1山型の分布。ケース数が無限大の場合は正規分布になり、少なくなるほど裾が広くなる。すなわち、正規分布では、平均値から標準偏差の1.96倍離れた区間に95％のデータがあるが、ケース数が少なくなるほどt分布の95％信頼区間は広くなる。すなわち、1.96より大きな数値で95％信頼区間を計算することになる。ケース数が100件以下と少ない場合この値で修正し、100件以上であれば1.96で近似してもよいであろう。

●t検定

$t = m/\mathrm{SE}$でもって、標本平均mが0から標準誤差の何倍離れているかを計算している。この値が1.96より大きければ、平均の95％信頼区間［m−1.96*SE，m+1.96*SE］は0を含まないで正の区間になる。すなわち、5％の間違う可能性はあるが、mから母平均は0でなく正と判断できる。この値が−1.96より大きければ、平均の95％信頼区間［m−1.96*SE，m+1.96*SE］は0を含まないで負の区間になる。すなわち、5％の間違う可能性はあるが、mから平均は0で

なく負と判断できる。$|t| \leqq 1.96$であれば、平均の95%信頼区間［$m-1.96*SE$，$m+1.96*SE$］は0を含んでいる。すなわち、5%の間違う可能性はあるが、mから母平均は0と判断できる。ケース数が少ない場合、1.96はより大きな値になる。ただし、ケース数によってこの1.96は異なってくる。

さくいん

〈さ行〉

〈ま・や・ら行〉

N.D.C.350.1　318p　18cm

ブルーバックス　B-1371

パソコン活用《かつよう》　3日《みつか》でわかる・使《つか》える統計学《とうけいがく》
CD-ROM付

統計の基礎からデータマイニングまで

2002年 5 月20日　第 1 刷発行

著者　新村秀一《しんむらしゅういち》

発行者　野間佐和子

発行所　株式会社講談社

〒112-8001 東京都文京区音羽2-12-21

電話　出版部　03-5395-3524

販売部　03-5395-5817

業務部　03-5395-3615

印刷所　（本文印刷）豊国印刷株式会社

（カバー表紙印刷）信毎書籍印刷株式会社

製本所　有限会社中澤製本所

定価はカバーに表示してあります。

ISBN4-06-257371-7（ブ）

発刊のことば

科学をあなたのポケットに

二十世紀最大の特色は、それが科学時代であるということです。科学は日に日に進歩を続け、止まるところを知りません。ひと昔前の夢物語もどんどん現実化しており、今やわれわれの生活のすべてが、科学によってゆり動かされているといっても過言ではないでしょう。

そのような背景を考えれば、学者や学生はもちろん、産業人も、セールスマンも、ジャーナリストも、家庭の主婦も、みんなが科学を知らなければ、時代の流れに逆らうことになるでしょう。

ブルーバックス発刊の意義と必然性はそこにあります。このシリーズは、読む人に科学的に物を考える習慣と、科学的に物を見る目を養っていただくことを最大の目標にしています。そのためには、単に原理や法則の解説に終始するのではなくて、政治や経済など、社会科学や人文科学にも関連させて、広い視野から問題を追究していきます。科学はむずかしいという先入観を改める表現と構成、それも類書にないブルーバックスの特色であると信じます。

一九六三年九月

野間省一